KB175142

고등과학 쉽게 배우기

최현숙 · 전호균 · 문태주 · 김연귀 지음

종이와 나무

이 책의 차례

I

통합과학! 무엇을 공부해야 할까?

윌리엄 캄쾀바. 아프리카 말라위에 사는 이 소년을 아시나요?

말라위 사람들은 척박한 환경에서 풍족하진 않지만 하루하루를 가족, 친구들과 즐겁게 살아가고 있습니다. 하지만 자연 현상으로 인한 기근을 피할 수 없었습니다. 기근을 겪는 동안 말라위 사람들은 체념한 채 대부분은 힘없이 서로에게 기대어 혹독한 시간이 지나가기만 바랐습니다. 한편 기근에도 굶주린 배를 움켜잡고 도서관을 오가며 영어가 적힌 과학책 몇 쪽을 보기 위해 먼 거리를 오가는 소년이 있었습니다. 바로 호기심 많은 말라위의 소년 캄쾀바입니다. 캄쾀바는 끈질긴 노력으로 자연이 주는 선물인 말라위의 바람을 이용해 발전기를 만들어 말라버린 농작물에 물을 공급하고 마을 주민들의 전기 사용 문제를 해결해 많은 사람들을 감동시켰습니다.

캄쾀바의 풍력 발전의 의미는 무엇일까요? 열악한 환경을 극복한 과학의 승리일까요? 아니면 캄쾀바의 강한 의지의 승리일까요? 물론 이 두 가지 점도 의미가 있지만 캄쾀바가 말라위의 자연을 있는 그대로 받아들이며 과학을 이용해 문제의 해결 방안을 찾았다는 점이 중요합니다. 캄쾀바는 직접 발로 뛰며 주변에서 찾은 물건들로 풍력 발전기를 만들었습니다. 캄쾀바는 복잡하고 비용이 많이 드는 최첨단의 기술없이, 그리고 환경 오염의 문제가 있는 화석 연료의 사용없이 말라위의 자연을 이용해 환경과 에너지 문제를 모두 해결할 수 있는 풍력 발전기를 만들어 소박하지만 나누는 삶을 실천하였습니다.

여러분이 통합과학에서 학습해야할 것이 바로 이런 것입니다. 여러분이 통합과학에서 길러야할 핵심 역량은 과학적 사고력, 문제 해결력, 탐구 능력, 의사소통 능력 그리고 참여와 평생 학습 능력입니다. 이제 고등학생이 된 여러분들은 통합과학의 핵심 개념을 중심으로 자연을 이해하고 인류가 자연환경에 적응하며 환경과 에너지 문제를 어떻게 해결해 나갈지를 고민해 볼 수 있는 시간을 가지게 됩니다. 여러분들도 통합과학 시간을 통해 또래 친구인 캄쾀바처럼 삶의 문제를 스스로 해결할 수 있는 능력을 길러야 합니다.

먼저 통합과학의 전체적인 내용을 살펴볼까요? 통합과학 영역별 핵심 개념을 중심으로 여러분들이 학습할 내용 체계와 성취기준은 다음과 같습니다.

내용 체계와 성취기준

영역	핵심 개념	내용 요소	성취기준
물질과 규칙성	물질의 규칙성과 결합	· 우주 초기의 원소(생성) · 태양계의 원소 생성 · 지구의 고체 물질 형성	[10통과01-01] 지구와 생명체를 비롯한 우주의 구성 원소들이 우주 초기부터의 진화 과정을 거쳐서 형성됨을 물질에서 방출되는 빛을 활용하여 추론할 수 있다. [10통과01-02] 우주 초기의 원소들로부터 태양계의 재료이면서 생명체를 구성하는 원소들이 형성되는 과정을 통해 지구와 생명의 역사가 우주 역사의 일부분임을 해석할 수 있다.
		· 금속과 비금속 · 최외각 전자	[10통과01-03] 세상을 이루는 물질은 원소들로 이루어져 있으며, 원소들의 성질이 주기성을 나타내는 현상을 통해 자연의 규칙성을 찾아낼 수 있다.
		· 이온 결합 · 공유 결합	[10통과01-04] 지구와 생명체를 구성하는 주요 원소들이 결합을 형성하는 이유와, 원소들의 성질에 따라 형성되는 결합의 종류를 추론할 수 있다. [10통과01-05] 인류의 생존에 필수적인 산소, 물, 소금 등이 만들어지는 결합의 차이를 알고, 각 화합물의 성질을 비교할 수 있다.
	자연의 구성 성질	· 지각과 생명체 구성 물질의 규칙성	[10통과02-01] 지각과 생명체를 구성하는 다양한 광물과 탄소 화합물은 특정한 규칙에 따라 결합되어 만들어진다는 것을 논증할 수 있다.
		· 생명체 주요 구성 물질	[10통과02-02] 생명체를 구성하는 물질들은 기본적인 단위체의 다양한 조합을 통해 형성됨을 단백질과 핵산의 예를 통해 설명할 수 있다.
		· 신소재의 활용 · 전자기적 성질	[10통과02-03] 물질의 다양한 물리적 성질을 변화시켜 신소재를 개발한 사례를 찾아 그 장단점을 평가할 수 있다.
시스템과 상호 작용	역학적 시스템	· 중력 · 자유 낙하	[10통과03-01] 자유 낙하와 수평으로 던진 물체의 운동을 이용하여 중력의 작용에 의한 역학적 시스템을 설명할 수 있다.
		· 운동량 · 충격량	[10통과03-02] 일상생활에서 충돌과 관련된 안전사고를 탐색하고 안전장치의 효과성을 충격량과 운동량을 이용하여 평가할 수 있다.

영역	핵심 개념	내용 요소	성취기준
시스템과 상호 작용	지구 시스템	· 지구 시스템의 에너지와 물질 순환 · 기권과 수권의 상호 작용	[10통과04-01] 지구 시스템은 태양계라는 시스템의 구성요소이면서 그 자체로 수많은 생명체를 포함하는 시스템임을 추론하고, 지구 시스템을 구성하는 하위 요소를 분석할 수 있다.
			[10통과04-02] 다양한 자연 현상이 지구 시스템 내부의 물질의 순환과 에너지의 흐름의 결과임을 기권과 수권의 상호 작용을 사례로 논증할 수 있다.
			[10통과04-03] 지권의 변화를 판구조론적 관점에서 해석하고, 에너지 흐름의 결과로 발생하는 지권의 변화가 지구 시스템에 미치는 영향을 추론할 수 있다.
	생명 시스템	· 세포막의 기능 · 세포 소기관 · 물질대사, 효소 · 유전자와 단백질	[10통과05-01] 지구 시스템의 생물권에는 인간과 다양한 생물들이 포함되는데, 모든 생물은 생명 시스템의 기본 단위인 세포로 구성되어 있으며, 이러한 세포에서는 생명 현상 유지를 위해 세포막을 경계로 한 물질 출입이 일어남을 설명할 수 있다.
			[10통과05-02] 생명 시스템 유지에 필요한 화학 반응에서 생체 촉매의 역할을 이해하고, 일상생활에서 생체 촉매를 이용하는 사례를 조사하여 발표할 수 있다.
			[10통과05-03] 생명 시스템 유지에 필요한 세포 내 정보의 흐름을 유전자와 단백질의 관계로 설명할 수 있다.
변화와 다양성	화학 변화	· 산화와 환원	[10통과06-01] 지구와 생명의 역사에 큰 변화를 가져온 광합성, 화석 연료 사용, 철기 시대를 가져온 철의 제련 등의 공통점을 찾을 수 있다.
			[10통과06-02] 생명 현상 및 일상생활에서 일어나고 있는 다양한 변화의 이유를 산화와 환원에서 나타나는 규칙성과 특성 측면에서 파악하여 분석할 수 있다.
		· 산성과 염기성 · 중화 반응	[10통과06-03] 생활 주변의 물질들을 산과 염기로 구분할 수 있다.
			[10통과06-04] 산과 염기를 섞었을 때 일어나는 변화를 해석하고, 일상생활에서 중화 반응을 이용하는 사례를 조사하여 토의할 수 있다.
	생물의 다양성과 유지	지질 시대 · 화석, 대멸종 · 진화와 생물다양성	[10통과07-01] 지질 시대를 통해 지구 환경이 끊임없이 변화해 왔으며 이러한 환경 변화에 적응하며 오늘날의 생물다양성이 형성되었음을 추론할 수 있다.
			[10통과07-02] 변이와 자연선택에 의한 진화의 원리를 이해하고, 항생제나 살충제에 대한 내성 세균의 출현을 추론할 수 있다.
			[10통과07-03] 생물다양성을 유전적 다양성, 종 다양성, 생태계 다양성으로 이해하고, 생물다양성 보전 방안을 토의할 수 있다.

영역	핵심 개념	내용 요소	성취기준
환경과 에너지	생태계와 환경	· 생태계 구성 요소와 환경 · 생태계 평형 · 지구 온난화와 지구 환경 변화	[10통과08-01] 인간을 포함한 생태계의 구성 요소와 더불어 생물과 환경의 상호 관계를 이해하고, 인류의 생존을 위해 생태계를 보전할 필요성이 있음을 추론할 수 있다.
			[10통과08-02] 먹이 관계와 생태 피라미드를 중심으로 생태계 평형이 유지되는 과정을 이해하고, 환경 변화가 생태계에 영향을 미치는 다양한 사례를 조사하고 토의할 수 있다.
			[10통과08-03] 엘니뇨, 사막화 등과 같은 현상이 지구 환경과 인간 생활에 미치는 영향을 분석하고, 이와 관련된 문제를 해결하기 위한 다양한 노력을 찾아 토론할 수 있다.
	발전과 신재생 에너지	· 에너지 전환과 보존 · 열효율	[10통과08-04] 에너지가 사용되는 과정에서 열이 발생하며, 특히 화석 연료의 사용 과정에서 버려지는 열에너지로 인해 열에너지 이용의 효율이 낮아진다는 것을 알고, 이 효율을 높이는 것이 사회적으로 어떤 의미가 있는지를 설명할 수 있다.
		· 발전기 · 전기 에너지 · 전력 수송	[10통과09-01] 화석 연료, 핵에너지 등을 가정이나 산업에서 사용하는 전기 에너지로 전환하는 과정을 분석할 수 있다.
			[10통과09-02] 발전소에서 가정 및 사업장까지의 원거리 전력 수송 과정에 대해 이해하고, 전력의 효율적이고 안전한 수송 방안을 토의할 수 있다.
		· 태양 에너지 · 핵발전 · 태양광 발전 · 신재생 에너지	[10통과09-03] 태양에서 수소 핵융합 반응을 통해 질량 일부가 에너지로 바뀌고, 그 중 일부가 지구에서 에너지 순환을 일으키고 다양한 에너지로 전환되는 과정을 추론할 수 있다.
			[10통과09-04] 핵발전, 태양광 발전, 풍력 발전의 장단점과 개선방안을 기후변화로 인한 지구 환경 문제 해결의 관점에서 평가할 수 있다.
			[10통과09-05] 인류 문명의 지속가능한 발전을 위한 신재생 에너지 기술 개발의 필요성과 파력 발전, 조력 발전, 연료 전지 등을 정성적으로 이해하고, 에너지 문제를 해결하기 위한 현대 과학의 노력과 산물을 예시할 수 있다.

와. 뭐가 이렇게 복잡한가요? 할 수도 있습니다. 통합과학 영역은 물질의 규칙성, 시스템과 상호 작용, 변화와 다양성, 환경과 에너지 4개의 영역

으로 나뉩니다. 이 영역에서의 주요 핵심 개념들이 있고 이 개념을 학습하는데 중요한 내용 요소이 있습니다. 또한 내용 요소가 담긴 성취기준이라는 것이 있는데 이것을 학습 목표로 생각하시면 됩니다. 성취기준은 내용 요소들을 어떻게 그리고 어디까지 학습해야 하는가에 대한 정보가 서술되어 있습니다. 다른 교과에도 성취기준이 있는데 학교에서는 성취기준에 근거해 수업과 평가가 진행되기 때문에 여러분도 학교에서 이 성취기준에 근거해 학습과 평가를 준비해야합니다. 따라서 통합과학의 내용 체계와 성취기준을 미리 살펴보는 것은 학습 목표를 분명히 해 통합과학을 더욱더 의미 있게 학습하는데 도움이 됩니다.

그런데 통합과학의 내용 체계를 유심히 보면 영역별로 물리학, 화학, 생명과학, 지구과학이 섞여 있는 것이 특징입니다. 대부분의 고등학교에서는 영역별로 순차적으로 학습하기보다는 물리학, 화학, 생명과학, 지구과학으로 분리해서 학습하게 됩니다. 따라서 이 책에서도 영역별로 내용을 소개하지 않고 물리학, 화학, 생명과학, 지구과학의 내용을 나누어 통합과학을 준비하는데 과목별로 도움을 드리고자 합니다.

통합과학 어떻게 공부하면 좋을까요? 주제별, 내용별로 효과적인 공부법도 조금씩 차이가 있습니다. 과학을 공부하는 몇가지 방법을 먼저 소개해 보겠습니다.

1. 관계에 대해 따져묻기와 그래프 그리기

그래프로 내용을 이해하고 설명하는 활동은 과학 시간에 많이 하는 활동입니다. 과학 내용을 말과 글로 장황하게 설명할 때보다 획획 몇 번의 선과 점을 그려 그래프로 표현할 때가 더 쉽게 이해되는 경우가 많습니다. 그런데 막상 이 그래프가 왜 그려졌는지, 왜 필요한지에 대해 충분히 이해되지 않을 때 그래프가 과학을 더 어렵게 합니다. 이럴 땐 그래프의 x, y 축의 관계를 계속해서 따져 나가보면 그래프의 해석이 쉬워집니다. 예를 들어 물리학에서는 물체의 운동을 시간에 따라 관찰하고 나타냅니다. 그러면 시간에 따라 관찰해야 하니까 x 축의 물리량은 무조건 시간이 되야겠죠. 시간에 따라 무엇을 관찰해서 그래프로 그려야 하는지를 따지기 시작하면 그래프는 그려지고 결국 아래 그림과 등속 운동을 속도-시간 그래프로 표현할 수 있습니다.

2. 질문을 미리 생성하고 교과서 집중해 읽기

학생들은 주로 교과서를 읽으며 과학 개념을 습득합니다. 하지만 처음 보는 내용이나 어려운 내용을 읽을 때 머리 속에 그 내용이 잘 들어오지 않을 때가 많습니다. 이런 경우 과학 교과서가 재미없어지고 과학에 흥미를 잃기 싶습니다. 특히, 많은 학생들이 어려워하는 물리에 흥미가 없는 경우, 교과서에 설명된 물리 개념을 아무리 읽어봐도 무슨 말인지 그리고 이게 왜 중요한지를 모를 때가 있습니다. 생소하고 어려운 물리 개념을 학습할 때, 교과서 읽기가 수월해지고 관련 과학 개념들이 기억에 잘 남는 방법을 알려드리겠습니다.

교과서를 읽기 전, 교과서에 나오는 과학 개념이나 주제어에 대해 궁금한 점을 질문 형식으로 먼저 적어보는 것입니다. 그림과 같이 표를 만들어 교과서에 나오는 주제어나 주요 과학 개념을 먼저 적은 후, 교과서의 내용을 보기전 각각에 대해 질문을 생성하여 적습니다.

질문 생성 예시

주제어 및 개념	질문 생성(한 주제에 1가지는 꼭하기)
역학적 시스템과 안전	역학적 시스템과 안전은 어떤 연관성이 있나요?
운동량	운동량의 크기는 질량과 관계가 있나요?
충격량	충격량은 방향이 있는 물리량인가요? 운동량과 충돌량은 어떤 관계인가요?
충돌과 안전장치	자동차의 에어백은 충격의 시간을 길게 하여 충격량을 줄이는 것이 맞나요? 딱딱한 물체도 안전 장치가 될 수 있나요?
충격 흡수 장치	충격 흡수 장치에 적용된 원리가 무엇인가요?

이렇게 질문 만들기를 하다보면 관련 주제어 및 개념에 대해 궁금한 것이 생기고 이것에 대해 알아보고 싶은 마음이 커집니다. 내가 궁금해하는 내용을 찾으려 교과서를 읽게 되면 교과서 내용에 더 집중할 수 있어 그 내용이 더 기억하기 쉽고 하나하나씩 알아가는 즐거움이 생깁니다.

3. 실험과정을 과학 개념과 원리로 설명하기

과학 개념과 원리를 친구들에게 설명할 수 있지만 개념과 원리가 어디에 어떻게 적용되는지가 파악이 안될 때가 있습니다. 이런 상황에서 무작정 문제지에 나오는 많은 문제를 풀면서 여러 유형의 문제들을 몽땅 외운다고 해서 적용력이 길러지진 않습니다. 이럴 때는 교과서에 나오는 실험과정을 설명해 보는 것이 도움이 됩니다.

교과서에서 나오는 실험 과정을 파악하고 과정에 따른 결과를 학습한 개념과 원리로 차근차근 연결지어 설명하다 보면 아하! 이거구나! 라며 개념과 원리가 어떻게 적용되었는지 이해가 쉬워질 때가 있습니다. 통합과학에서 제시되는 실험 내용의 과정은 크게 복잡한 것들이 아니라서 실험 내용을 차근차근 보다 보면 학습해야할 개념과 원리의 이해와 적용 방법을 쉽게 습득할 수 있습니다.

4. 전체적인 흐름 파악하기

앞서 통합과학은 크게 4개의 영역으로 나뉜다고 했습니다. 이 영역에서의 핵심 개념이 어떤 이야기 속에 나오는지에 대한 흐름을 파악해야 합니다. 전체적인 흐름을 파악하지 못한 채 개개의 주요 내용을 학습하다 보면 습득한 지식들이 조각난 채로 둥둥 머리 속에 떠다니기만 합니다. 예를 들어 9쪽에 제시한 통합과학 영역 중 물질과 규칙성 영역 학습에 대해 살펴보겠습니다. 이 영역의 핵심 개념인 물질의 규칙성과 결합의 내용 요소인 우주의 시작, 원소의 생성과 자연의 구성 성질에 나오는 내용 요소인 신소재의 활용이 각각 별개의 내용 같지만 그렇지 않습니다. 과정을 쭉 살펴보면 우주의 시작에서 원소 생성, 원소 주기성, 다양한 물질, 지각과 생명체 구성의 물질의 결합 규칙성과 형성에 대해 배우게 됩니다. 이 흐름을 파악해야지만 신소재에 적용된 물질 생성이 어떻게 시작되었고 그 물질의 규칙성을 더 집중해서 볼 수 있습니다. 그렇지 않으면 신소재의 종류만 외우는 걸로 학습이 마무리 될 수 있답니다.

5. 일상생활의 문제 해결을 위한 아이디어 제안해 보기

통합과학에서 학습하는 개념 및 원리는 생활 속에서 많이 적용되는 것들입니다. 핵심 개념에 대한 이해를 높이기 위해 다양한 유형의 문제풀이 활동을 하는 것도 좋지만 앞으로의 삶의 문제를 해결할 수 있는 능력을 기를 수 있어야 합니다. 그러기 위해서는 일상 생활과 연계된 문제점을 찾고 문제 해결을 위한 아이디어를 생각해 제안해 보는 활동을 해보아야 합니다. 수업 중에 하지 않더라도 스스로 꾸준히 하다보면 자신의 진로 탐색에도 도움이 됩니다.

적정 기술을 이용한 아이디어

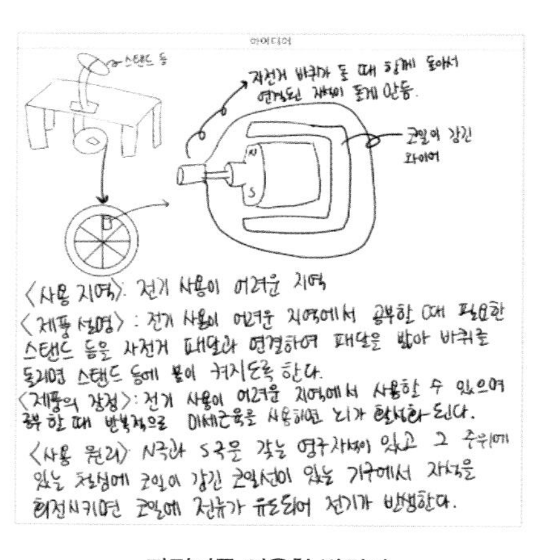

자전거를 이용한 발전기

안전 사고 예방을 위한 장치

이제 통합과학의 핵심 개념에서 다루는 내용을 각 과목별로 핵심 질문을 통해 살펴봅시다.

물리학

중력과 역학적 시스템

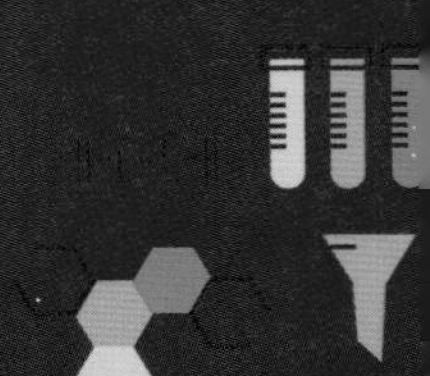

핵심 질문

계속해서 지구로부터 중력을 받는 달은 왜 지구로 떨어지지 않을까?

시스템은 구성 요소들이 상호 작용하면서 전체를 이루는 것입니다. 통합과학에서는 다양한 시스템에 대해 배우게 됩니다. 물리학과 관련된 시스템으로 역학적 시스템이 있습니다. 역학적 시스템은 우리가 평소에 경험하는 여러 가지 힘들이 상호 작용하면서 일정한 운동 체계를 유지하는 것입니다. 특히, 역학적 시스템에서 중력은 매우 중요한 역할을 하고 있습니다.

이제껏 여러분들이 학습한 중력은 어떤 것인가요? 자유 낙하하는 물체가 받는 힘, 지구가 나를 당기는 힘, 뉴턴이 사과를 보고 발견한 것, 질량이 있는 물체 사이에 상호 작용하는 힘 등 여러분들 머릿속에는 이미 중력에 대해 떠오르는 것들이 있을 거예요. 통합과학에서는 중력과 물체의 운동을 연관 지어 이를 과학적으로 설명할 수 있어야 합니다. 이 점을 염두해 두면서 '계속해서 지구로부터 중력을 받는 달은 왜 지구로 떨어지지 않을까?'에 대해 알아봅시다.

달은 지구에서 생활하는 우리처럼 지구 중심 쪽으로 중력을 받습니다. 그런데 왜 달은 지구로 떨어지지 않을까요? 뉴턴은 이를 사고 실험으로 설명했습니다. 뉴턴에 사고 실험에서 등장하는 대포와 대포알의 경로를 보세요. A에서 E까지 다양한 대포알의 운동 경로를 나타냅니다. 이 단원에서는 지구로부터 중력을 받는 대포알이 어떻게 다른 경로를 따라 운동할 수 있는지에 대해 과학적으로 설명할 수 있어야 합니다.

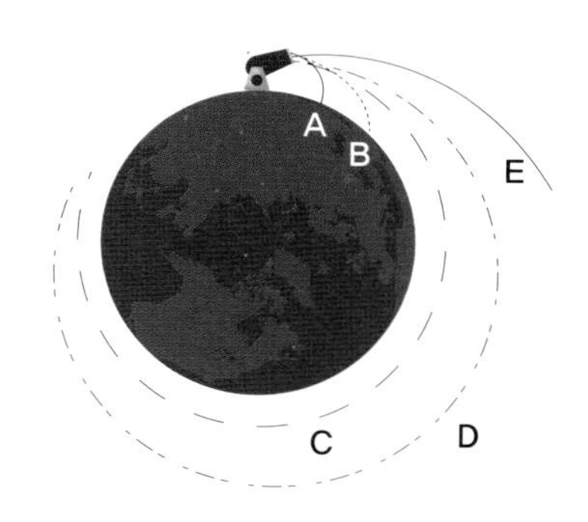

뉴턴의 사고 실험을 이해하기 위해서는 중력을 받는 물체의 운동을 분석할 줄 알아야 합니다. 중력을 받는 물체의 운동 분석하기부터 차근차근 해보겠습니다.

1. 중력을 받는 물체의 운동 분석하기

통합과학에서는 우선 중학교 때 배운 내용을 바탕으로 지구가 물체를 당기는 중력에 대해 아는 것이 중요해요. 특히 중력을 받는 물체의 운동을 설명할 수 있어야 한답니다. 어떤 높이에서 가만히 놓은 물체에 중력만 작용할 때 물체의 낙하 운동을 무엇이라고 배웠나요? 자유낙하라고 배웠습니다. 자유낙하는 지구가 물체를 당기는 중력만 작용하고 공기 저항력의 작용을 무시하는 운동입니다. 공기 저항력을 무시할 때 자유낙하하는 물체들은 질량이 달라도 시간에 따라 떨어지는 위치는 같습니다.

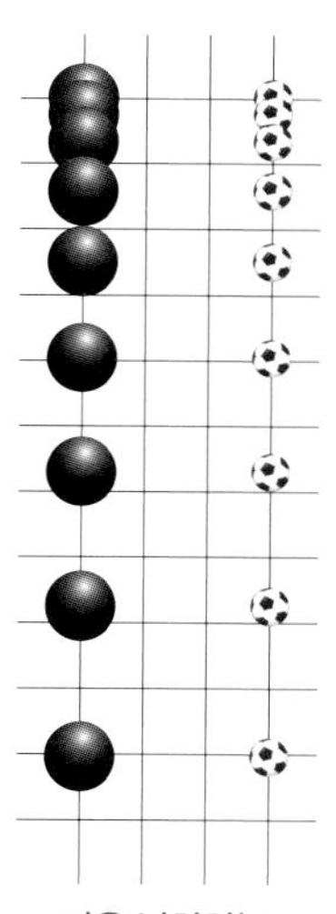
자유 낙하하는 물체의 운동

통합과학에서는 옆의 그림과 같이 시간에 따른 물체의 위치를 분석하여 물체의 운동을 설명할 수 있어야 합니다.

1) 물체의 운동 분석을 위해 알아야 할 개념들

물체의 운동과 관련해 미리 알아두어야 할 개념들을 먼저 살펴보겠습니다.

운동과 관련된 필수 과학 개념

속도 : 시간에 따른 위치의 변화량

가속도 : 시간에 따른 속도의 변화량

등속도 운동 : 시간에 따라 속도가 일정한 운동

등가속도 운동 : 시간에 따라 속도의 변화량이 일정한 운동

익숙한 개념들입니다. 이 개념들은 모두 시간에 따라 어떻게 변하는지에 대한 정보를 제공해 줄 수 있습니다. 따라서 이를 시간에 따른 그래프로 나타내고 설명할 수 있어야 합니다. 어렵다고 느낄 수도 있습니다. 하지만 우리가 친구에게 무엇인가를 설명할 때 글을 쓰는 것보다 말로 하는 것이 편할 때가 있고, 말로 하는 것보다 그림으로 설명할 때가 더 편할 때가 있어요. 그렇듯 그래프 하나로 과학적 의사소통을 잘 할 수 있습니다. 그래프를 그리며 친구들과 물체의 운동에 대해 이야기를 한다는 것은 마치 과학자들이 의견을 나누는 것 같지 않나요? 이제 한 번 그려봅시다.

먼저 우리가 주로 다루는 두 가지 운동 즉, 등속도 운동과 등가속도 운동에 관한 그래프를 그려보도록 합시다.

등속도 운동은 속도가 같은 운동이라는 뜻이에요. 여기까지 다 아는데 중요한 부분이 빠졌어요. 더 분명하게 하자면 시간에 따라 속도가 변하지 않고 일정한 운동입니다. 그럼 아래 그래프가 이해되나요?

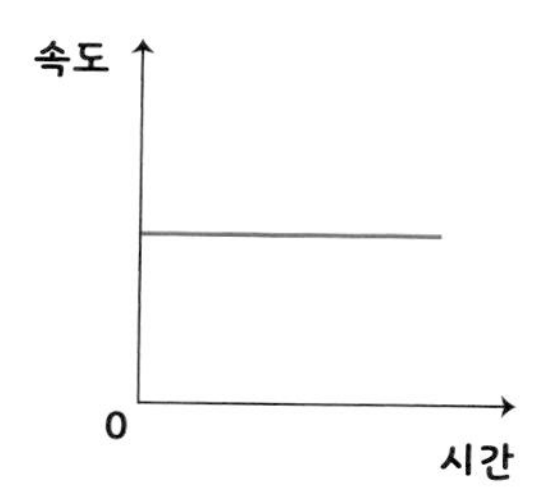

우리가 알고 있는 등속도 운동의 개념을 그래프로 나타내는 것이 크게 어렵지 않고 간단하죠? 그럼 등가속도 운동도 해볼까요? 등가속도 운동의 뜻은 무엇이였죠?

맞습니다. 시간에 따라 가속도가 일정한 운동이에요. 이를 그래프로 표현하면 아래와 같습니다.

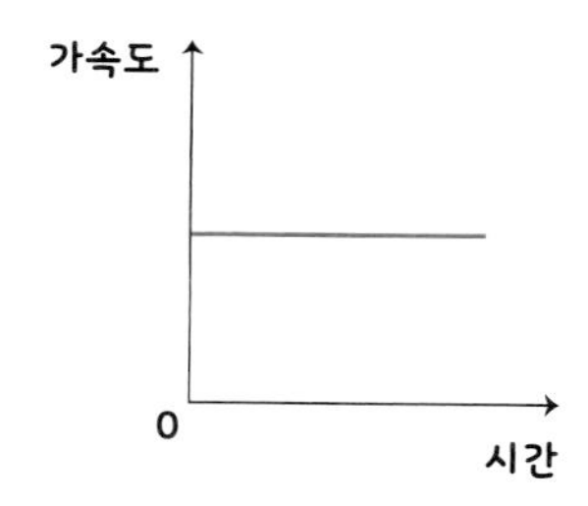

등속도 운동, 등가속도 운동 이제 구분이 되나요? 좀 더 나아가 시간에 따라 물체의 속도, 위치, 가속도가 어떻게 변하는지 그래프를 그려 보며 등속도 운동과 등가속도 운동을 더 분명하게 구분해 봅시다.

등속도 운동은 속도가 시간에 따라 변하지 않아요. 그래서 가속도가 0이랍니다.

자주 하는 질문

Q : 가속도가 0으로 일정한 등속도 운동은 등가속도 운동에 포함이 되나요?

A : 포함되지 않습니다. 속도의 변화가 있고 없고는 물체에 작용하는 알짜 힘(합력)과 관계됩니다. 물체의 가속도가 0이라는 것은 물체에 작용하는 합력이 0입니다. 등가속도 운동은 이와 구분되게 물체에 작용하는 합력이 있다는 뜻입니다. 즉, 물체에 작용하는 합력으로 물체의 운동 변화가 있는 것과 구분이 되는 개념이기 때문에 등속도 운동과 등가속도 운동은 구분 지어 사용합니다. 여러분들이 알고 있는 가속도의 법칙 공식 $F=ma$ 는 바로 **물체에 작용하는 합력 = 물체의 질량×가속도** 라는 것을 나타냅니다.

그리고 22쪽의 속도의 개념을 다시 살펴보면 속도는 시간에 따른 위치 변화량이므로 속도가 일정하다는 것은 시간에 따라 위치가 일정하게 변한다는 것을 나타냅니다. 시간에 따라 위치가 일정하게 변한다는 것을 예를 들어보면 동쪽으로 1초에 5m씩 이동하는 경우를 생각해 봅시다. 1초일 때 5m, 2초일 때 10m, 3초일 때 15m를 이동하는 것이니까 동쪽으로 1초에 5m씩 일정하게 늘어납니다. 이것을 속도로 나타내면 5m/s(동쪽) 이렇게 나타낼 수 있습니다.

등속도 운동을 그래프로 표현해보면 ① 속도가 시간에 따라 변하지 않는다. 즉, ② 가속도가 0이다. ③ 시간에 따라 위치가 일정하게 변한다.

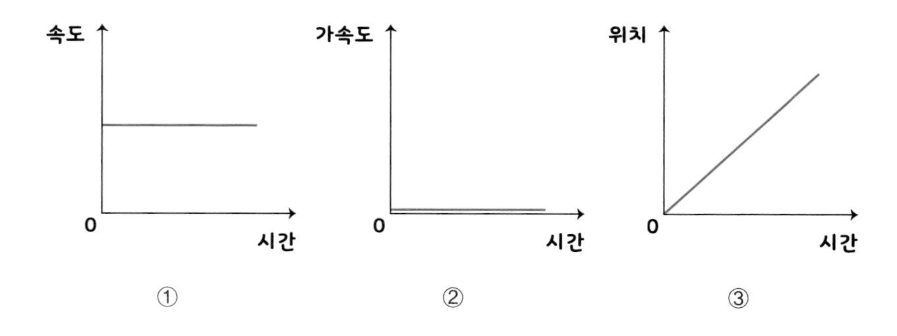

그럼 등가속도 운동도 함께 술술 풀어나가 볼까요? 등가속도 운동을 그래프로 표현해보면 ① 가속도가 0이 아닌 일정한 값이다. ② 가속도는 시간에 따른 속도 변화량이므로 가속도가 일정하다는 것은 시간에 따라 속도가 일정하게 변한다. ③ 시간에 따라 속도가 변하므로 위치의 변화는 일정하지 않다.

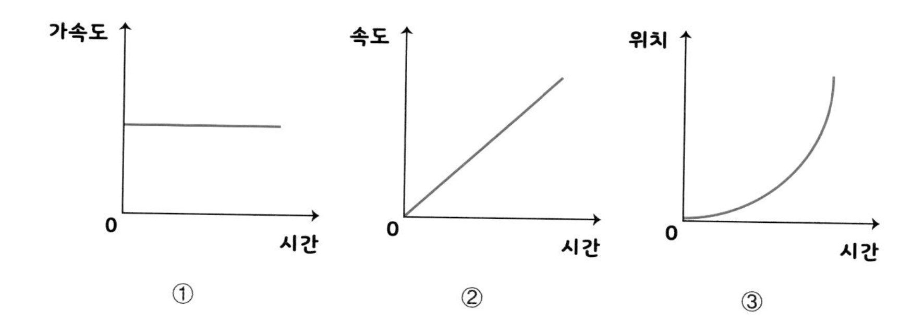

자주 하는 질문

Q : 속도-시간 그래프, 위치-시간 그래프, 가속도-시간 그래프를 분석할 때 그래프의 면적과 기울기를 이용하던데 각 그래프에서 면적과 기울기는 무슨 물리량을 나타낼까요?

A : 무조건 외우려 하지 말고 개념과 연계하려 노력합시다.

속도 : 시간에 따른 위치 변화량을 식으로 표현하면

$$속도 = \frac{위치\ 변화량}{걸린\ 시간} \quad (위치-시간\ 그래프의\ 기울기)$$

위치변화량 = 속도 × 걸린 시간 (속도-시간 그래프 아래 면적)

가속도 : 시간에 따른 속도의 변화량을 식으로 표현하면

$$가속도 = \frac{속도\ 변화량}{걸린\ 시간} \quad (속도-시간\ 그래프의\ 기울기)$$

속도 변화량 = 가속도 × 걸린 시간 (가속도-시간 그래프 아래 면적)

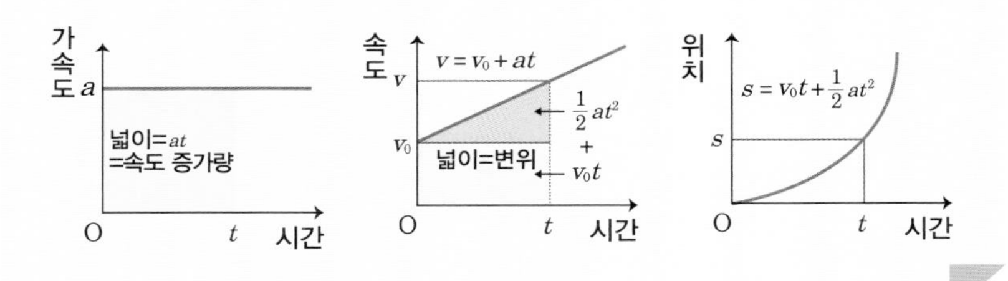

더 깊이 있는 내용과 다양한 운동에 관한 그래프는 물리학 Ⅰ, Ⅱ에서 다루게 되니 우선 여기까지 살펴보고 이제 본격적으로 중력을 받아 낙하하는 물체의 운동에 대해 관찰한 내용을 글로 써보고 이 운동을 그래프로 표현해봅시다.

2) 중력을 받는 물체의 운동 분석

활동 1

- 자유낙하 운동과 수평 방향으로 던진 물체의 운동 관찰하고 비교하기

같은 시간 간격으로 물체의 위치를 연속적으로 찍은 사진

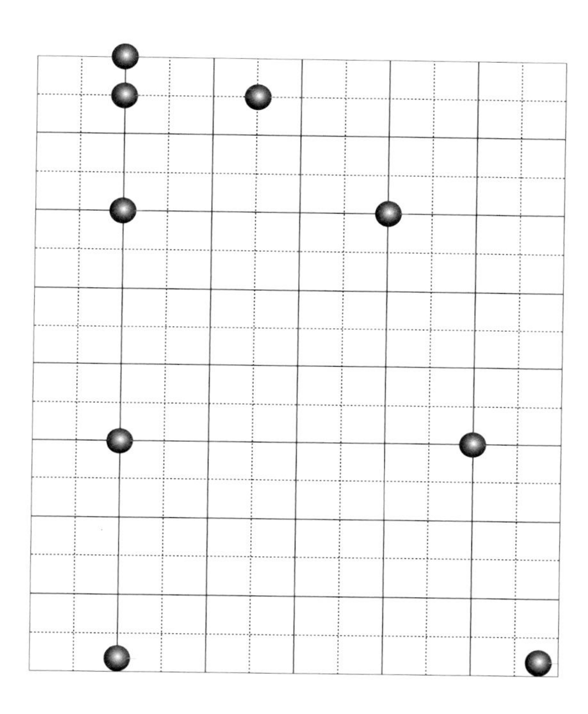

우선 자유낙하 운동과 수평으로 던진 물체의 운동 경로를 관찰해 공통점과 차이점부터 글로 써볼까요?

공통점은 둘 다 아래 방향으로 작용하는 중력을 받는다는 것과 시간에 따른 연직 방향의 위치가 항상 같다는 점이 있네요. 그리고 둘 다 시간이 지날수록 같은 시간 동안 연직 아래 방향으로 이동한 거리가 증가하고 있네요. 시간에 따라 위치의 변화량이 커지고 있다는 뜻이죠? 이것은 무엇을 의미했나요? 연직 아래 방향의 속도가 증가하고 있다는 것을 나타냅니다.

차이점은 무엇인가요? 자유낙하 운동에서는 운동 방향이 계속 아래쪽으로 바뀌지 않지만, 수평 방향으로 던진 물체의 운동에서는 운동 방향이 바뀝니다.

자주 하는 질문

Q : 운동 경로를 보고 운동 방향이 변하는 것을 어떻게 아나요?

A : 운동 방향은 동서남북, 오른쪽, 왼쪽, 위, 아래로 나타낼 수 있습니다. 이때 이 방향은 어느 한순간에 운동 방향을 나타냅니다. 그런데 운동 경로가 원, 포물선과 같은 곡선 경로일 경우 매 순간 운동 방향은 운동 경로의 접선 방향으로 계속 달라집니다. 이를 그림으로 표현하면 다음과 같습니다.

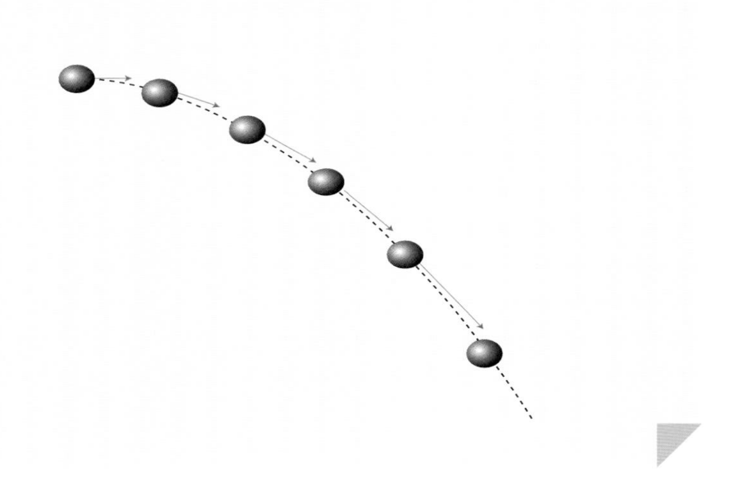

자주 하는 질문

Q : 수평으로 던진 물체에는 수평으로 던진 힘과 중력이 작용하지 않나요?

A : 수평으로 던진 물체에 작용하는 수평 방향의 힘은 힘을 가하는 대상이 물체와 접촉해 있을 때까지 작용합니다. 우리가 운동을 분석하는 시점은 물체를 던진 직후부터이기 때문에 물체에 더 이상 수평 방향의 힘은 작용하지 않고 중력만 작용한답니다.

자 그럼 각 물체의 운동을 그래프로 나타내 볼까요? 우리는 앞에서 어떤 운동들을 그래프로 나타내 보았죠? 등속도 운동과 등가속도 운동입니다. 자유 낙하 운동과 수평으로 던진 물체의 운동에서도 등속도 운동과 등가속도 운동을 찾을 수 있습니다.

활동 2

- 자유낙하 운동과 수평 방향으로 던진 물체의 운동 분석하고 그래프로 나타내기

1초마다 두 구슬의 위치를 찍은 그림(모눈종이 눈금 1칸은 5m이다.)

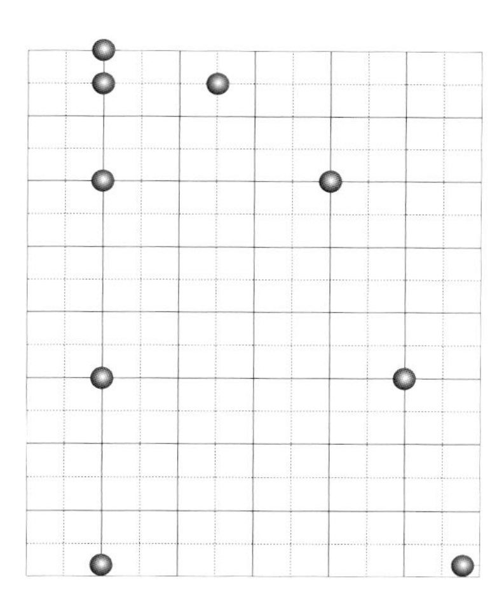

두 물체가 구간별로 이동한 거리를 시간에 따라 각각 표에 나타내 보자.

(1) 자유 낙하하는 물체 A

시간(초)	0~1	1~2	2~3	3~4
연직 아래 방향 구간 거리(m)				

(2) 수평 방향으로 던진 물체 B

연직 아래 방향 구간 거리(m)	0~1	1~2	2~3	3~4
수평 방향 구간 거리(m)				

구간 거리 : 1초 동안 이동한 거리로 구간의 평균 속도의 크기를 의미함
구간 거리 차 : 바로 다음 구간과의 거리 차는 1초 동안 평균 속도의 변화량의 크기와 같으므로 가속도의 크기를 의미함

자주 하는 질문

Q : 활동 2에서 중력 가속도의 크기는 어떻게 구하나요?

A : 연직 아래 방향의 구간 거리 차를 이용합니다. 바로 다음 구간과의 거리 차는 1초 동안 평균 속도의 변화량의 크기와 같으므로 가속도의 크기를 의미합니다. 이 가속도는 중력에 의한 것으로 A와 B 모두 10m/s^2 으로 나옵니다.

중력에 의해 물체가 어떻게 운동하는지 이해했나요? 통합과학에서는 그래프를 이용해 운동을 표현하고 분석할 수 있어야 한다는 것을 명심하세요.

2. 수평 방향으로 던진 물체의 운동과 뉴턴의 사고 실험 연결짓기

뉴턴의 사고 실험에서 대포알의 운동을 다시 한번 볼까요? A~E 모두 수평면과 나란한 방향으로 대포알을 쏘았습니다. 이때 수평 방향의 속도의 크기를 비교해 보면 A> B> C> D> E입니다. C와 D는 지면에 떨어지지 않고 마치 달처럼 지구 주위를 계속 도네요. 그럼 달의 운동을 설명할 수 있을까요?

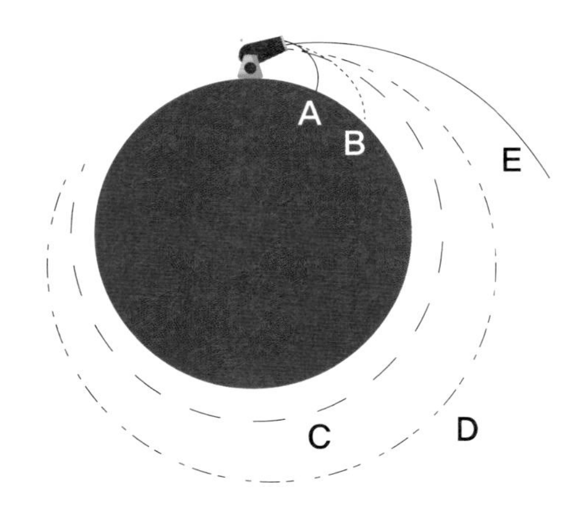

지구의 모양은 둥급니다. 달은 수평 방향으로 1초 동안 이동하면서 지구의 중력에 의해 지구 중심 쪽으로 1.4mm 정도 떨어집니다. 달이 지구 중심 쪽으로 1.4mm 떨어지는 동안 수평면도 같은 거리만큼 내려간다면 어떻게 될까요? 달은 지구로부터 받는 중력에 의해 계속 떨어지는데 지면도 같이 떨어지니 달이 지면에 도달하지 못하고 계속 돌겠죠.

자주 하는 질문

Q : 달은 지구 중심 쪽으로 1초에 1.4mm 떨어진다는 것의 근거는 무엇인가요?

A : 뉴턴의 중력 법칙에 따라 같은 질량의 물체의 중력의 크기는 지표면 부근에서와 지구에서 멀리 떨어진 곳에서와는 차이가 있습니다. 뉴턴의 중력 법칙은 여러분들이 잘 아는 질량을 가진 물체끼리 서로 당기는 만유인력의 크기에 관한 내용입니다.

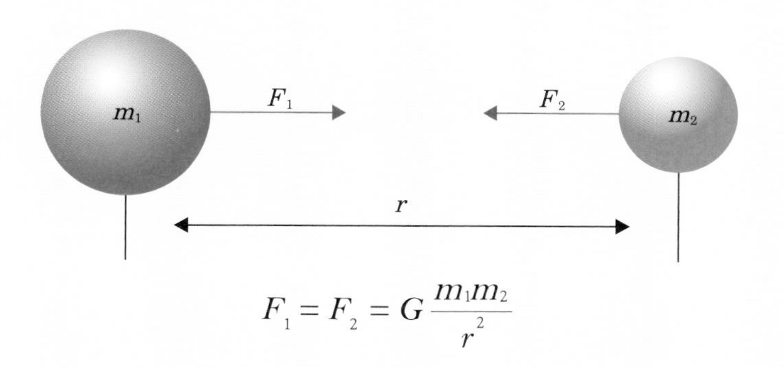

$$F_1 = F_2 = G\frac{m_1 m_2}{r^2}$$

지표면 부근의 사과가 떨어지는 원인과 달이 떨어지는 원인이 모두 중력이라면 달에도 중력 법칙이 성립하겠죠? 당시에도 맨눈으로 달과 같은 행성의 운동을 관찰하고 기록했습니다. 이러한 기록과 이 식이 맞아떨어진 거죠. 지표면에 있는 물체와 지구 중심 사이의 거리가 r 이라면 달과 지구 중심까지의 거리는 약 $60r$ 이니 한 번 지표면 부근에서 중력 가속도와 지구에서 달까지 거리만큼 떨어진 곳의 중력 가속도를 비교해 보세요.

연습문제 1

29쪽의 활동 2에서 A, B의 방향에 따른 구간 거리를 분석하여 각각 속도-시간 그래프로 나타내고 무슨 운동인지 비교하시오.

(1) A의 연직 방향 속도-시간 그래프, 방향 속도-시간 그래프

(2) B의 연직 방향 속도-시간 그래프

(3) B의 수평 방향 속도-시간 그래프

정답 및 풀이

(1) 등가속도 운동 (2) 등속도 운동 (3) 등가속도 운동

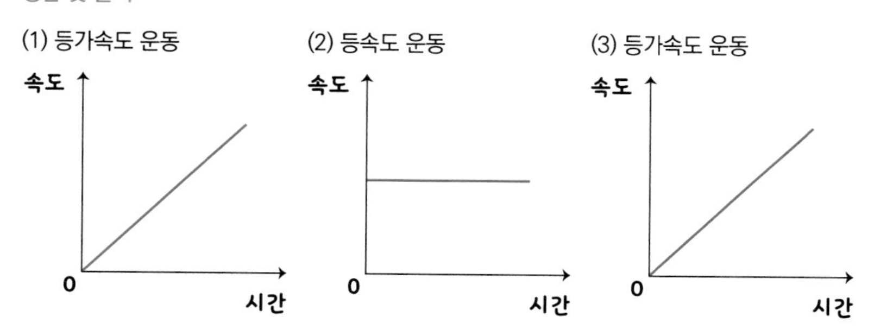

연습문제 2

같은 높이에서 자유 낙하하는 물체와 수평 방향으로 던진 물체가 바닥에 도달하는 시간을 비교하시오.

정답 및 풀이

매 순간 아래 방향의 위치가 같으므로, 두 물체 모두 바닥에 도달하는 시간은 같다.

연습문제 3

수평 방향으로 던진 물체의 운동에서 수평 방향의 속도의 크기가 더 커지면 물체의 운동은 어떻게 될까?

정답 및 풀이

연직 방향의 운동은 변화가 없고 수평 방향의 속도의 크기가 커질수록 물체는 수평 방향으로 더 먼 거리를 이동한다.

연습문제 4

그림은 달이 지구 주위를 등속 원운동하는 모습을 나타낸 것이다. 아래 물음에 O, X로 답하시오.

(1) 달의 운동 방향은 계속 바뀐다. ( )

(2) 달의 속력은 일정하다. ( )

(3) 달에 작용하는 알짜힘은 0이다. ( )

정답 및 풀이

(1) O, (2) O, (3) X

달이 등속 원운동한다라는 전제 하에 문제를 풀어보면 달의 운동 방향은 매순간 바뀌지만 속력은 변하지 않습니다. 달의 운동 방향이 바뀌는 것은 매순간 지구가 달을 지구 중심쪽으로 당기는 중력이 달에 작용하기 때문입니다. 그러므로 달에 작용하는 알짜힘은 0이 아닙니다. 추가로 설명하자면, 속력이 일정해도 시간에 따라 운동 방향이 변하면 속도가 변하는 운동입니다. 속도가 변하려면 물체에 무엇이 작용해야하는지 생각해 보시길 바랍니다.

정리

계속해서 지구로부터 중력을 받는 달은 왜 지구로 떨어지지 않을까?

달은 매순간 지구 중심으로 떨어지고 있습니다. 지구 중심 쪽으로 1.4mm 떨어지는 동안 지표면도 같은 거리만큼 내려가기 때문에 달이 지구 주위를 계속 돌 수 있다.

역학적 시스템과 안전

핵심 질문

충격 흡수 장치에 적용된 원리가 무엇일까?

역학적 시스템과 안전은 무슨 관계일까요? 역학적 시스템에서 중력에 의한 안전사고를 생각해 볼까요? 중력에 의해서 사람이 높은 곳에서 떨어지거나, 높은 곳의 물건이 아래로 떨어져 사람과 충돌하면 어떻게 될까요? 물체와 사람은 중력을 받기 때문에 낙하로 인한 안전 사고를 항상 주의해야합니다.

역학적 시스템과 안전에서 우리는 안전 사고를 예방하고 부상을 줄일 수 있는 원리를 학습하고 더 나아가 과학 원리를 이용하여 안전을 위한 장치와 방법에 대한 아이디어를 제시할 수 있어야 합니다.

낙하물 및 자동차의 충돌로 인한 안전사고

'충격 흡수'라는 말은 일상에서 많이 사용되는데 이것을 과학적으로 표현하면 어떻게 설명해야 할까요? 함께 알아봅시다.

1. 관련 물리 개념

먼저 아래의 물리 개념을 이용해 설명해야 합니다.

운동량, 충격량, 운동량의 변화량, 힘이 작용하는 시간

처음 접하는 개념들이죠? 처음 접하는 내용일 때는 어떻게 공부하면 좋다고 했죠? 맞습니다. 교과서를 읽기 전에 주요 과학 개념이나 주제어를 적어 놓고 질문을 생성해 스스로 궁금증을 생기도록 하여 교과서에서 답을 찾아보라고 했습니다.

운동량은 물체의 운동 정도 또는 충돌의 효과를 수치로 나타낸 물리량입니다. 운동량은 우리가 앞에서 배운 속도에 물체의 질량을 곱한 것입니다. 속도에 질량을 곱한 것은 어떠한 의미일까요?

궁금해요!

아이와 어른이 2m/s로 뛰어 오고 있다고 할 때, 어느 쪽이 더 위험적일까?

*아이 30kg, 어른 50kg

질량이 다른 아이와 어른이 동일한 속력으로 달려오는 모습

아이와 어른이 함께 뛰는 사례와 연관 지어 봅시다. 둘 다 각각 2m/s의 속력으로 여러분을 향해 달려오고 있다고 합시다. 이 두 사람이 여러분에게 충돌한다면 어느 쪽이 더 위협적일까요? 이를 계산하여 나타낸 것이 바로 운동량입니다.

궁금해요!

같은 크기의 힘을 공에 가하더라도 힘을 가하는 시간이 다르다면 공의 운동의 변화가 어떤 차이를 보일까?

충격량 = 힘×힘이 작용하는 시간을 배구 경험과 연관짓기

충격량은 운동의 변화 정도를 나타내는 물리량으로 힘과 힘을 가한 시간의 곱으로 나타냅니다. 충격량을 체육 시간의 배구 경험과 연관지어 봅시다. 배구에서 공을 넘기는 방법 중 언더핸드패스가 있습니다. 언더핸드패스는 손목으로 공을 넘기는 방법입니다. 충격량을 적용해 설명을 해보면 위의 그림에서 손목이 공에 가하는 힘의 크기가 F로 같을 때, 짧은 시간 동안 힘을 가하는 경우와 긴 시간 동안 힘을 가하는 경우 중 어느 쪽 공이 더 멀리 날아가는지를 계산하여 나타낸 것이 충격량입니다.

물체의 운동 상태를 변하게 하려면 물체에 힘을 가해야 합니다. 이때,

그 힘이 작용하는 시간에 따라 물체의 운동 상태가 달라집니다. 이것이 물체에 충격량을 가하는 것이고 충격량을 가하는 만큼 물체의 운동량의 변화량이 생기게 됩니다. 충격량과 운동량의 변화량의 연관성을 이해하셨나요?

자동차의 충돌 과정을 앞서 이야기한 개념들을 적용해 과학적으로 설명해 봅시다.

작용 반작용 법칙
두 물체의 상호 작용에서 힘은 항상 쌍으로 작용한다. A가 B에 가하는 힘과 B가 A에 작용하는 힘은 크기가 같고 방향은 반대이다.

충격량의 크기
충돌하는 동안 같은 크기의 힘을, 같은 시간 동안 주고받으므로 A, B가 각각 받는 충격량의 크기는 같다.

그림과 같이 자동차 A와 B가 충돌하는 것은 작용 반작용 법칙에 의해 힘을 주고받는 상호 작용으로 볼 수 있습니다. 즉, A가 B에게 힘을 가하는 동시에 B가 A에게 같은 크기의 힘을 반대 방향으로 가합니다.

충격량을 주고받는 것을 자동차 충돌과 연관짓기

같은 시간 동안 힘을 주고받으니 A와 B가 주고받은 충격량의 크기도 같습니다. 즉, 충격량도 힘처럼 두 물체 사이에 주고받는 것입니다. 힘의 방향이 반대이니 충격량의 방향도 반대겠죠?

이제 충돌에서 안전장치가 어떤 원리를 이용해 만들어지는 살펴보겠습니다.

궁금해요!

같은 충격량이지만 평균적으로 받는 힘의 크기가 다르면 어떻게 될까?

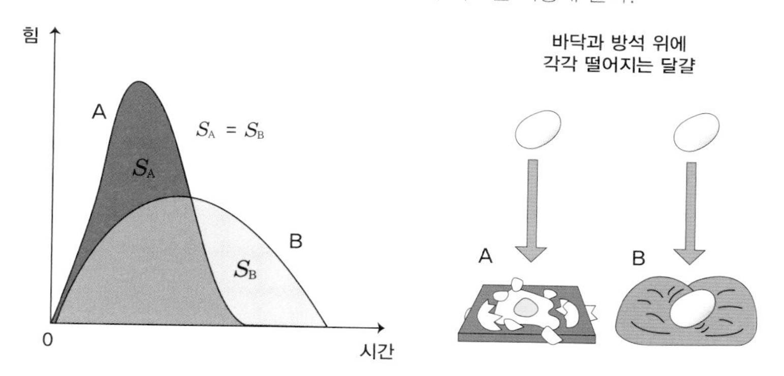

힘-시간 그래프와 경험 연관짓기

힘-시간 그래프
그래프 아래의 면적은 힘×시간이므로 충격량과 같습니다.
힘-시간 그래프에 아래 면적이 같다면 받는 충격량의 크기도 같지만, 힘을 받는 시간이 길수록 물체가 평균적으로 받는 힘의 크기가 작아진다.

힘-시간 그래프를 경험과 연관 지어 보겠습니다. 그림은 동일한 달걀이 동일한 높이에서 떨어져 각각 바닥과 방석으로부터 달걀이 받는 힘을 시간에 따라 나타낸 것입니다.

그래프 아래 면적이 $S_A = S_B$ 이므로 A와 B에서 달걀이 각각 바닥과 방석으로부터 받는 충격량의 크기는 같습니다. 하지만 A의 달걀만 깨집니다. 같은 충격량인데 왜 하나는 깨지고 하나는 깨지지 않는 것일까요? 바로 평균적으로 달걀이 받는 힘의 크기 때문입니다. 같은 충격량을 받더라도 충격량(힘)을 받는 시간 동안 받는 평균 힘의 크기가 클수록 파손과 부상의 위험이 커집니다. 따라서 충돌에서 안전을 위해서는 평균적으로 받는 힘의 크기를 줄여야 합니다.

힘-시간 그래프를 다시 볼까요? 같은 충격량이라도 평균적으로 받는 힘의 크기를 줄이려면 무엇을 길게 하면 될까요? 맞습니다. 충격력(평균 힘)을 받는 시간을 길게 하면 됩니다. 바로 이것이 충격 흡수 장치의 원리입니다. 우리가 흔히 일상에서 사용할 때 충격 흡수라는 말을 많이 쓰는데 충격을 흡수한다는 것을 과학적으로 표현하면 충격량을 받는 시간을 길게 하여 평균적으로 받는 힘의 크기를 줄인다는 것입니다.

평균 힘 $= \dfrac{\text{충격량}}{\text{힘을 받는 시간}}$

자주 하는 질문

Q : 충격량과 운동량의 변화량은 같은 건가요?

A : 물체가 충격량을 받으면 그만큼 물체의 운동량이 변합니다. 이를 운동량의 변화량이라고 하니까 충격량에 의해 물체의 운동량이 변한다고 생각하시면 됩니다. 따라서 충격량과 운동량의 변화량은 같습니다.

Q : 딱딱한 물체로도 안전장치를 만들 수 있나요?

A : 대표적인 사례로 놀이기구의 안전바를 들 수 있습니다. 놀이기구가 갑자기 멈추었을 때 사람이 앞으로 튕겨 나가는 것을 막아주는 역할을 합니다. 하지만 안전바가 딱딱할 경우 사람의 신체가 안전바에 부딪혀 부상을 입을 수 있습니다. 그래서 안전바를 폭신한 물질로 감싸면 충격을 받는 시간을 길게 해 안전바로부터 받는 힘의 크기를 줄일 수 있습니다. 평균적으로 받는 힘의 크기가 줄면 부상을 줄일 수 있습니다.

대부분의 안전장치나 안전을 위한 자세에는 이러한 원리가 적용됩니다. 안전장치와 안전을 위한 자세의 사례에는 다음과 같습니다.

뽁뽁이로 포장하기

권투 경기에 사용되는 글러브

뜀틀 착지에서 무릎 구부리기

연습문제 1

그림은 사람이 줄을 매달고 번지 점프하는 모습을 나타낸 것이다. 번지 점프 줄은 늘어나는 성질이 있어 사람이 입는 부상을 줄여 줄 수 있다.
번지 점프 줄에 적용된 과학 원리를 제시하고 번지 점프 줄이 사람의 부상을 어떻게 줄여줄 수 있는지를 설명하시오.

정답 및 풀이
번지 점프 줄에 적용된 과학 원리는 같은 충격량을 받더라도 충격량(힘)을 받는 시간을 길게 하면 평균 힘을 줄이는 것이다. 번지 점프를 하면 중력으로 인해 사람이 떨어지면서 줄이 사람에 작용하는 힘이 생겨 사람이 충격량을 받는다. 이때 줄이 늘어나면서 충격량을 받는 시간을 늘려 사람이 줄로부터 받는 평균 힘이 줄어들게 해 부상을 줄일 수 있다. 만약 줄이 늘어나지 않는 경우는 어떻게 되는지 생각해 봅시다.

정리

충격 흡수 장치에 적용된 원리가 무엇일까?

충격량(또는 힘)을 받는 시간을 늘려 평균적으로 받는 힘을 줄이면 파손과 부상을 줄일 수 있다.

발전과 신재생 에너지

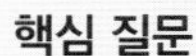

핵심 질문

화력 발전의 원리와 한계는 무엇일까?

신재생 에너지만으로 에너지 문제를 해결할 수 있을까?

지속 가능한 발전
자연 환경을 파괴하지 않고 경제 개발을 이루는 발전

전기 에너지는 다른 에너지를 우리 생활에 사용하기 가장 편리한 형태로 전환한 에너지입니다. 통합과학에서는 전기 에너지의 생산과 수송 과정부터 신재생 에너지와 친환경 에너지 도시 탐색까지 다룹니다. 이를 통해 비판적 관점에서 지속 가능한 발전을 위한 에너지 문제 해결 방안에 대해 자신의 생각을 제시할 수 있어야 합니다. 2020년도 우리나라의 에너지원별 발전량 현황에 대한 아래 그림을 살펴보면 아직도 화석 연료와 핵원료에 대한 의존도가 높습니다. 화석 연료의 사용은 자원고갈과 환경 오염의

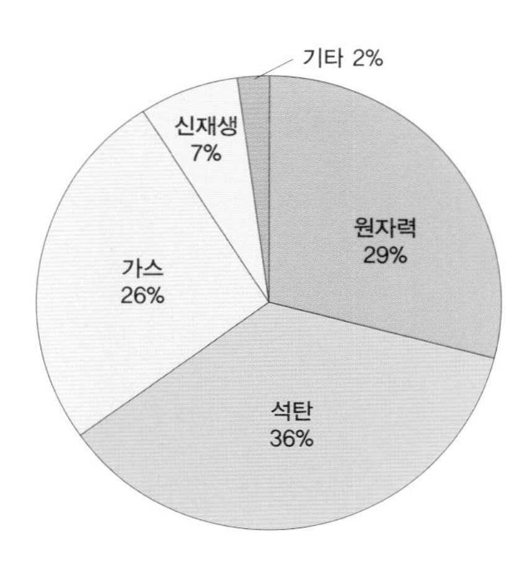

우리나라 에너지원별 발전량 현황(2020)

문제점이 있습니다. 이러한 문제를 개선할 수 있는 방법은 무엇일까요? 그럼, 앞서 제시한 발전과 신재생 에너지 단원에서의 핵심 질문에 대해 살펴보도록 하겠습니다.

1. 화력 발전과 핵발전의 원리와 한계

통합과학에서 중요하게 다루는 전기 생산의 원리는 전자기 유도 현상을 이용한 발전 방식입니다. 전자기 유도 현상은 중학교 때 배운 개념입니다.

전자기 유도 현상은 자석과 코일의 상대 운동으로 코일에 전류가 유도되는 현상이며 이 현상으로 운동 에너지가 전기 에너지로 전환됩니다.

화력 발전, 핵발전, 수력 발전, 풍력 발전, 조력 발전은 모두 자석과 코일의 상대 운동을 이용해 전기 에너지를 생산합니다. 이들 발전소에는 그림과 같이 터빈과 발전기가 연결되어 있습니다. 터빈을 돌리면 회전축에 연결된 자석이 돌아가면서 코일에 전류가 유도됩니다. 이때 만들어진 전류의 형태는 시간에 따라 방향과 세기가 주기적으로 변하는 교류입니다.

조력 발전
조석 간만의 차이를 이용해 전기를 생산하는 방식

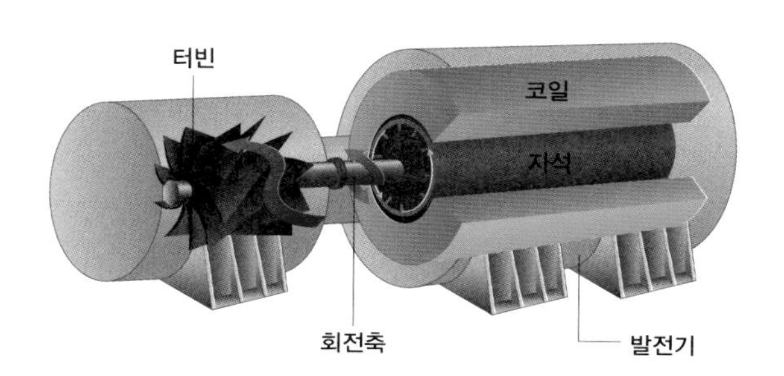

터빈과 발전기의 구조

화력 발전과 핵발전의 원리와 에너지 전환 과정, 그리고 그 한계점에 대해 알아보도록 하겠습니다. 44쪽 표에서 볼 수 있듯이, 화력 발전과 핵발전은 각각 화학 에너지와 핵에너지를 열에너지로 전환해 수증기의 운동 에너지로 터빈을 돌려 전기 에너지를 생산하는 전자기 유도 현상을 이용한 발전입니다. 표에서 제시된 한계점을 살펴보면, 두 발전의 에너지원은 매장량에 한계가 있어 고갈될 위험이 있고 두 발전 모두 환경에 좋지 않은 영향을 미쳐 지속 가능한 발전에 적합한 발전 방식으로 보기 어렵습니다.

구분	화력 발전	핵발전
에너지원	석유나 석탄과 같은 화석 연료 (화학 에너지)	우라늄 235 (화학 에너지)
원리		
	수증기를 이용해 터빈을 돌려 전자기 유도 현상을 이용해 전기를 생산	
에너지 전환	화학 에너지 → 열에너지 → 운동 에너지 → 전기 에너지	핵에너지 → 열에너지 → 운동 에너지 → 전기 에너지
한계점	· 이산화 탄소와 같은 온실기체 방출 · 황산화물 배출로 인한 대기 오염	· 방사능 누출과 같은 안전성의 문제 · 방사성 폐기물 처분의 어려움 · 폐열로 바다 수온을 증가시켜 생태계에 영향을 미침
	화석 연료나 핵발전에 이용되는 우라늄은 매장량이 한계가 있어 고갈의 위험이 있다.	

이러한 탐색을 통해 신재생 에너지의 개발이 필요하다는 것을 명확히 근거를 들어 제시할 수 있어야 합니다.

2. 신재생 에너지

신재생 에너지는 신에너지와 재생 에너지의 합성어입니다. 신에너지에는 수소, 연료 전지, 천연가스 등이 있고, 재생 에너지로는 햇빛, 바다, 바람 등의 재생 가능한 에너지가 있습니다. 신재생 에너지 사용을 위해서는 초기 투자 비용이 많이 들지만, 자원의 고갈 문제와 환경 문제가 거의 없어 우리나라도 신재생 에너지의 개발과 전력 생산을 위해 노력하고 있습니다.

신재생 에너지를 이용한 발전 방식 중 전자기 유도 현상을 이용한 것은 풍력 발전, 조력 발전, 조류 발전, 파력 발전 등이 있습니다. 이러한 발전 시설에는 모두 터빈과 발전기가 달려 전기를 생산할 수 있습니다.

전자기 유도 현상을 이용한 발전 방식이 아닌 다른 원리로 전기 에너지를 생산하는 신재생 에너지를 이용한 사례도 있습니다. 태양광 발전과 연료 전지인데요. 아래 표에 나타낸 내용으로 살펴보도록 하겠습니다.

전력
단위 시간당 전기 에너지

조류 발전
조석 간만의 차이로 바닷속 물의 흐름을 이용한 발전으로 조력 발전에서 사용되는 댐이 없어 환경에 미치는 영향이 적다.

파력 발전
파도를 이용한 공기의 압축을 이용해 터빈을 돌리는 방식

구분	태양광 발전	연료 전지
에너지원	태양으로부터의 빛에너지	수소(화학 에너지)
원리	태양광 전류 태양전지	(−)극 (+)극 수소 산소 H_2 H^+ O_2 H_2O 물 전해질 전체반응 $2H_2 + O_2 \rightarrow 2H_2O$
	태양광이 반도체로 만든 태양 전지의 전자를 튕겨 나오게 해 전류가 흐른다.	화학 반응으로 수소가 이온화되어 내어놓은 전자로 전류가 흐른다.
에너지 전환	빛에너지 → 전기 에너지	화학 에너지 → 전기 에너지
장점	· 자원 고갈의 염려가 없다. · 발전 과정에서 환경 오염이 적다.	· 화학 반응을 통해 전기를 직접 생산하므로 화력 발전보다 에너지 효율이 높다. · 물이 유일한 생성물이므로 환경 오염 문제가 없고, 다양한 연료를 사용할 수 있다.
단점	· 초기 설치 비용이 많이 든다. · 계절과 일조량의 영향을 많이 받는다. · 대규모 발전을 위해서는 설치 면적이 넓어야 한다.	· 수소를 생산하는 비용이 많이 든다. · 연료 전지 발전소를 건설하는데 비용이 많이 든다. · 수소의 액화가 어려워 부피가 큰 저장 용기가 필요하다.

에너지 효율
사용한 에너지 중 유용한 에너지로 전환되는 비율이고 에너지 전환 단계가 작을수록 에너지 효율이 크다.

두 발전 방식은 각각 광전 효과와 화학 반응을 이용해 전자의 흐름을 만들어 전기 에너지를 사용합니다. 하지만 아직까지는 설치 및 생산의 비용이 많이 들고 많은 양의 전기 에너지를 생산하기에는 기술적 한계가 있습니다.

광전효과
빛이 입자처럼 전자를 튀겨내는 현상

현재 신재생 에너지를 이용해 생산한 전기만으로는 우리가 현재 누리고 있는 편안함을 유지할 수 없답니다. 전력 생산을 높이기 위해 더 많은 신재생 에너지를 사용하면 된다고 생각하기 쉽지만 신재생 에너지 사용을 위한 설치 과정에서 환경에 주는 피해가 있기 때문에 마구마구 설치할 순 없습니다. 그럼 우리는 지속 가능한 발전을 위해 어떤 노력을 해야 할까요?

바로 에너지 절약 실천입니다. 신재생 에너지 개발과 더불어 에너지 절약을 실천해야지 지속 가능한 발전이 가능합니다.

환경 공익 광고
'어려운 것을 하거나, 더 쉬운 것을 하거나'

'어려운 것을 하거나, 더 쉬운 것을 하거나' 라는 환경부에서 만든 공익 광고를 보면 소 방귀를 이용한 신재생 에너지 개발보다 에너지 절약 실천의 중요성을 강조하고 있습니다. 시간이 되시면 이 광고를 보시면서 통합과학에서 다루는 신재생 에너지와 에너지 문제를 해결하기 위한 인류의 노력에 대한 비판적 탐색을 해보면 좋을 것 같습니다.

소의 방귀를 이용한 신재생 에너지 사용에 대한 학생 글쓰기 예시

온실가스 배출에 상당 부분을 차지하는 소의 방귀를 이용해서 에너지를 만들어 냈다는 것이 신기했고, 아직 상용화되기는 어려워 보이지만 개선을 하면 훗날 사용 가능할 것으로 보인다. 아직은 이런 신재생 에너지가 만들어지고, 개발되어 가는 과정이어서 우리가 해야 할 것은 무엇보다 실생활 속에서 온실가스를 줄이는 방법을 적극적으로 실천하는 것이다. 예를 들어 소고기를 먹는 횟수를 줄이고, 대중교통 사용 등이 있다. 조금의 노력이 있다면 이런 것들을 할 수 있다. 인간의 욕구를 줄인다면 앞으로의 상황이 적어도 악화되지는 않을 것이라고 본다.

연습문제 1

다음은 어떤 지역의 환경을 설명한 글이다. 물음에 답하시오.

- 인근에 하천이 없고 바다에 접하지 않은 지역으로 태양이 내리 쬐는 시간이 길다.
- 석유 보유량이 많은 지역이다.

이 지역에 환경을 파괴하지 않고 경제 개발을 이룰 수 있는 ① 발전 방식을 쓰고, ② 선택한 발전에 적용된 발전 방식의 원리와 에너지 전환 과정을 쓰시오.

정답 및 풀이

① 태양광 또는 태양열 발전 ② 태양광 발전의 원리는 빛으로 태양 전지의 전자를 튕겨나가게 하는 것으로 빛에너지가 전기 에너지로 전환된다. 태양열 발전 원리는 태양열을 오목거울로 모아 수증기를 만들어 전기를 생산하는 전자기 유도 현상을 이용한 것이다. 따라서 태양열 발전에서의 에너지 전환 과정은 태양열에너지 → 열에너지 → 운동 에너지 → 전기 에너지 이다.

정리

화력 발전의 원리와 한계는 무엇일까?

화력 발전에 사용되는 화석 연료는 고갈의 염려가 있고 이산화 탄소와 황산화물이 배출되어 지구 온난화와 환경 오염의 문제가 있다. 따라서 지속 가능한 발전을 위한 미래의 발전 방식이 될 수 없다.

신재생 에너지만으로 에너지 문제를 해결할 수 있을까?

현재의 기술로 신재생 에너지를 사용해 전력을 생산하는 데 한계가 있다. 이러한 한계를 극복하기 위해 더 많은 시설을 만들어 전력 생산량을 늘린다면 환경에 피해를 줄 수 있다. 따라서 신재생 에너지 사용과 더불어 개개인이 에너지 절약을 실천할 때 인류는 에너지 문제를 해결할 수 있다.

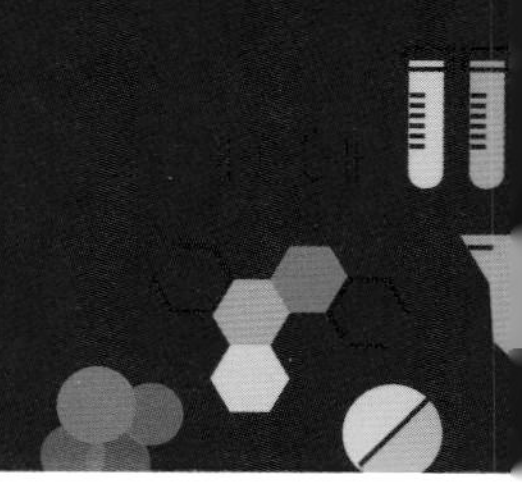

전력의 수송

핵심 질문

효율적이고 안전한 전력 수송방법은 무엇일까?

앞서 여러 가지 발전 방식으로 전기 에너지를 생산하는 원리와 장단점에 대해서 알아보았습니다. 발전소에서 만들어진 전기 에너지가 가정이나 공장 등의 사업장까지 전달되는 과정, 전력 수송에 대해서 알아보도록 하겠습니다.

전력은 단위 시간당 전기 에너지를 말합니다. 실시간으로 필요한 전기 에너지를 공급받아 소비하기 때문에 전기 에너지 사용과 수송에서는 전력이라는 개념을 더 많이 사용합니다.

그림은 전력의 수송 과정을 나타냅니다. 크게 송전 과정과 배전 과정으로 나눌 수 있습니다. 송전은 발전소에서 변전소로 전력을 전달하는 과정, 배전은 변전소에서 사용자에게 전력을 공급하는 과정입니다.

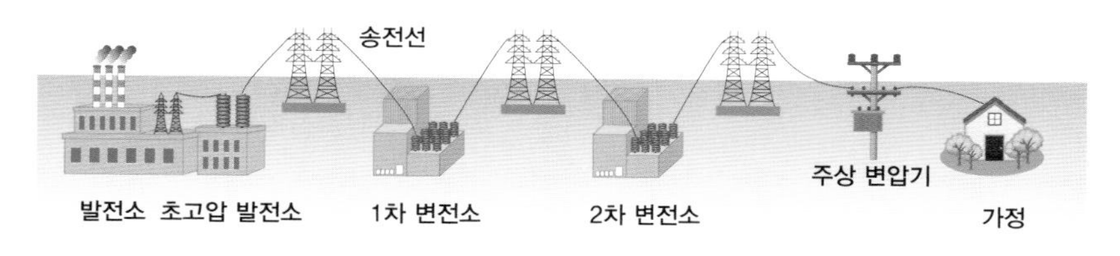

우리나라의 전력 수송

48쪽의 우리나라 전력 수송 그림에서 초고압 변전소, 1차 변전소, 2차 변전소 총 3개가 보입니다. 이 변전소에는 전자기 유도 현상을 이용해 전압을 높이거나 낮추는 장치가 있습니다. 바로 변압기입니다. 전력 수송 과정에서 변압기를 이용하는 장치는 주상 변압기까지 총 4가지입니다. 이 변압기를 이용해 효율적이고 안전하게 전력을 수송할 수 있습니다.

효율적이고 안전한 전력 수송 방법은 무엇인지를 구체적으로 살펴보기 전에 먼저 전력 수송 과정에서 효율성과 안전에서 문제가 되는 부분이 무엇인지 먼저 알아봅시다.

먼저 아래 사진을 볼까요? 송전탑과 송전선이 있는 곳에 노을이 멋집니다. 발전소에서 생산된 전력은 송전선으로 전류를 흘려 전달합니다. 그런데 이 과정에서 송전선을 열화상 카메라로 보면 열이 발생하는 것을 알 수 있습니다. 송전선은 구리로 되어 있는데 구리 도선에 전류가 흐르면 도선에 열이 발생합니다. 즉, 전달하고자 하는 전기 에너지의 일부가 구리 도선의 전기 저항으로 인해 열에너지로 전환됩니다. 송전선에서 전류가 흐를 때, 단위 시간당 전기 에너지가 열에너지로 전환되는 것을 손실 전력이라고 합니다.

도선의 전기 저항
길이가 짧을수록 도선의 단면적이 넓을수록 작아진다.

송전탑과 송전선

열화상 카메라로 본 송전탑과 송전선

손실 전력이 크면 클수록 가정으로 전달되는 전기 에너지의 양이 줄어 에너지 효율이 낮아지겠죠? 전기 에너지 전달의 효율성을 높이기 위해서는 손실 전력을 줄여야 합니다. 이 손실 전력을 줄이는 방법으로 손실 전력의 원인인 송전선의 저항을 줄이는 방법이 있습니다. 대표적인 사례가 거미줄 같은 송전 전력망을 구축해 전력 전달 거리를 줄이는 것입니다. 그렇지만 송전선의 거리를 무작정 줄일 수는 없습니다. 그리고 구리 선보다 저항이 더 작은 물질로 교체하는 건 엄청난 비용이 든답니다.

손실 전력은 송전선에 흐르는 전류의 제곱에 비례하고 송전선에 저항에 비례
$P_{손실} = I_{송전} \times I^2_{송전선}$

손실 전력을 줄이기 위해 사용하는 또 다른 방법은 바로 고전압을 이용해 송전선에 흐르는 전류를 줄이는 것입니다. 손실 전력은 송전선에 전류가 흐를 때 저항으로 인해 발생하는 열 때문입니다. 따라서 저항을 바꿀 수 없다면 송전선 흐르는 전류의 세기를 줄이면 됩니다.

48쪽 전력 수송 과정 그림에서 초고압 변전소가 보이나요? 이 변전소의 변압기는 발전소에서 생산된 전력은 그대로 한 채 전압을 높여 송전선에 흐르는 전류의 세기를 줄여 줍니다. 즉, 초고압 변전소의 역할은 송전선에서의 손실 전력을 최소화할 수 있도록 송전 전압을 크게 만들어주는 역할을 합니다. 얼마나 높일까요? 10~20kV의 생산 전력을 약 760kV의 고전압까지 높여 줍니다. 또한, 우리의 생활을 편리하게 하는 전기 에너지의 낭비를 줄이기 위해 정보 통신 기술을 바탕으로 소비자와 전력 회사가 실시간으로 정보를 주고받으며 전력 생산량과 공급량을 조절해 효율성을 높이는 전력 공급 기술인 지능형 전력망(스마트 그리드)이 있습니다. 이렇게 실시간으로 소비에 대한 정보를 알게 되면 필요한 만큼의 전력을 생산해 공급할 수 있어 전력의 낭비를 줄일 수 있습니다. 통합과학에서는 신재생 에너지를 이용한 발전 방식과 친환경 에너지 도시의 에너지 공급 방법 등도 다루기 때문에 이와 연계하여 스마트 그리드 미래 도시를 직접 설계해 보며 자신의 진로에 대한 구체적인 계획도 세워보는 경험을 할 수 있습니다.

앞서 알아본 발전소 바로 옆의 초고압 변전소의 변압기는 생산 전력의 전압을 높여 송전선을 통해 가정과 소형 공장으로 전력이 전달될 때 전기 에너지가 열에너지로 전환되는 손실 전력을 줄일 수 있도록 합니다. 초고압 변전소를 제외한 나머지 변전소에서는 변압기를 이용해 345kV의 높은 전압을 순차적으로 전압을 낮추어 가정과 소형 공장 등에서 안전하게 사

용할 수 있도록 220V까지 낮추어줍니다. 전기 사용에서 전압이 높을수록 위험하기 때문에 우리는 '주의 고전압'이라는 문구를 많이 접하며 안전사고에 조심해야 한다는 것을 알고 있습니다. 전력이 사용하는 곳까지 전달되기까지 위험한 고전압선들이 많습니다. 이 고전압선들을 땅속으로 묻어 전력을 수송하는 방법으로 지중선로를 이용하기도 합니다. 또한, 로봇을 이용해 송전 선로를 항상 점검하고 수리를 하면 안전사고를 예방할 수 있습니다.

자주 하는 질문

Q : 손실 전력을 줄이기 위해 송전 전류의 세기를 줄인다고요? 그럼 보내는 송전 전력의 양이 줄지 않나요?

A : 아닙니다. 송전 전력의 양은 그대로 두고 송전 전류의 세기만 줄입니다. 송전 전략의 양을 그대로 두고 송전 전류가 줄게 되면 송전 전압이 더 커지게 된답니다. 이것을 승압이라고 합니다.

자주 하는 질문

Q : 생산 전력, 손실 전력의 개념을 확실히 하고 싶은데 관련된 공식이 어떻게 되며 어떻게 문제에 적용하면 되나요?

A : 전력 $P=VI$ 로 나타냅니다. 통합과학에서 다루는 문제에서는 생산 전력에 관한 정보를 $V_{송전}$, $I_{송전}$ 으로 제시하기 때문에 $P_{생산} = V_{송전} I_{송전}$ 으로 구하면 됩니다. 손실 전력에 대한 정보는 $I_{송전}$ 와 $R_{송전선}$ 로 주어집니다. 따라서 $P_{손실} = I^2_{송전} \times R_{송전선}$ 의 공식을 적용해야 합니다. 같은 전력 P 인데 왜 공식이 이렇게 달라지냐고요? 제시된 정보가 무엇인가에 따라서 거기에 적합한 공식을 써야 하기 때문이에요. $P=VI$, $P=I^2R$ 은 전혀 다른 데서 오는 것 같지만 옴의 법칙 $V=IR$ 로 모두 연결이 된답니다. $P=VI$ 에 옴의 법칙을 적용하면 $P=VI=I^2R=\frac{V^2}{R}$ 로 나타낼 수 있습니다. 중요한 건 물리량을 구할 때는 제시된 정보가 무엇인지에 따라 내가 어떤 공식을 사용할지 선택을 잘해야 한다는 거예요.

궁금해요!

Q : 변압기에 적용된 원리는 무엇인가요?

A : 변압기는 전자기 유도 현상이 적용된 장치입니다. 전자기 유도 현상으로 전압을 조정하는 장치입니다.

Q : 변압를 통해 어떻게 전력이 전달되나요?

A : 철판을 여러 장 겹친 철심의 양쪽에 코일을 감아요. 그런데 코일에 각각 1차 코일, 2차 코일이라고 이름이 붙었네요. 1차 코일에는 교류가 공급되는 곳이에요. 그러면 1차 코일에 흐르는 전류는 크기와 방향이 시간에 따라 변하면서 1차 코일 주위에 시간에 따라 변하는 자기장이 형성됩니다. 바로 이 변화하는 자기장이 2차 코일에 유도 전류가 흐르게 하죠. 즉, 교류에 의한 자기 에너지가 전기 에너지로 전환되면서 전력이 전달됩니다. 그 유도 전류가 전기기구에 흐르면 전기 에너지가 다른 에너지 형태로 변하면서 우리가 전기기구를 이용할 수 있답니다.

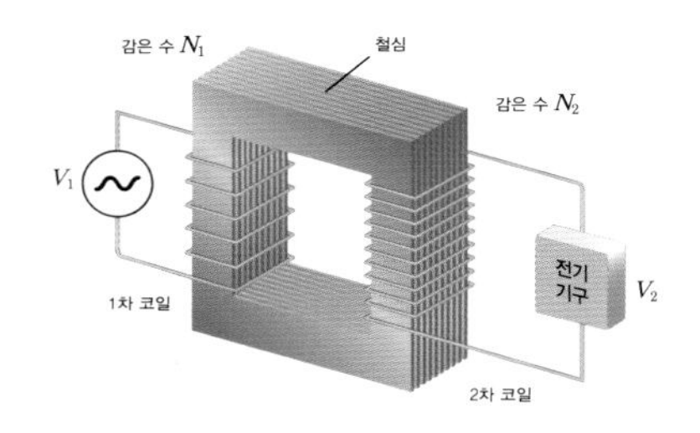

Q : 변압기를 이용해 전압을 어떻게 높이고 낮추나요?

A : 바로 1차 코일과 2차 코일의 감은 수를 이용해 전압을 바꾸어 줍니다. 내가 원하는 전압이 걸리는 곳은 2차 코일입니다. 1차 코일에 들어오는 전압보다 내가 더 높은 전압을 원한다면 2차 코일의 감은 수를 1차 코일에 감은 수보다 더 많게, 내가 더 낮은 전압을 원한다면 2차 코일의 감은 수를 1차 코일에 감은 수보다 더 작게 감으면 됩니다.

다지기 문제

초고압 변전소의 변압기에서는 1차 코일의 감긴 수와 2차 코일의 감긴 수 중 누가 더 많이 감겼을까요?

연습문제 1

그림 (가), (나), (다)는 발전소에서 가정까지 전력을 수송할 때 사용되는 시설이나 장비를 나타낸 것이다. 이에 대한 옳은 설명만을 <보기>에서 있는 대로 고른 것은?

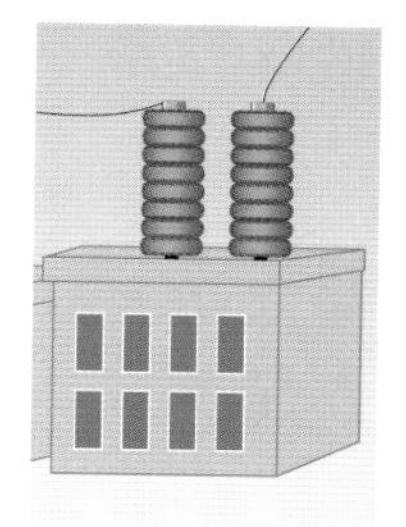
(가) 초고압 변전소

(나) 주상 변압기

(다) 송전선

ㄱ. (가)에서는 발전소에서 생산된 전력의 전압을 높인다.

ㄴ. (나)에서 변압기는 전자기 유도 현상을 이용한 사례이다.

ㄷ. (다)의 송전선의 저항에 의해 손실 전력이 발생한다.

① ㄱ　② ㄴ　③ ㄷ　④ ㄴ, ㄷ　⑤ ㄱ, ㄴ, ㄷ

정답 및 풀이

⑤

ㄱ. 초고압 변전소에서는 변압기를 이용해 손실 전력을 줄이기 위해 생산 전력의 전압을 높인다.

ㄴ. 변압기에 적용된 과학 원리는 전자기 유도 현상이다.

ㄷ. 송전선의 저항에 의해 전기 에너지가 열에너지로 전환된다.

정리

효율적이고 안전한 전력 수송 방법은 무엇일까?

효율적인 방법

- 고전압을 이용해 송전선에 흐르는 전류의 세기를 줄여 손실 전력을 줄이는 방법
- 거미줄 전력망 구축으로 효율적인 전력 전달
- 지능형 전력망(스마트 그리드)으로 수요와 공급에 따른 송배전의 효율 높이기

안전한 방법

- 지중선로, 로봇을 이용한 송전 선로의 이상 유무 감지와 수리

화학

물질의 규칙성과 성질

핵심 질문

물질의 규칙성으로 물질의 성질을 알 수 있을까?

연금술이라는 말을 많이 들어봤을 것입니다. 연금술은 구리, 납 등과 같이 가격이 싼 금속을 금과 같이 비싼 금속으로 만드는 기술을 의미합니다. 이 연금술이 화학이란 학문의 탄생과 깊은 연관이 있습니다. 연금술이 등장하게 된 것은 고대 철학의 근간을 이루게 된 4원소설 때문이라고 할 수 있습니다.

4원소설이란 물, 불, 공기, 흙이라는 4가지 원소로 물질이 구성되고, 물, 불, 공기, 흙을 적절하게 잘 조절하면 다른 물질로 만들 수 있다는 내용의 이론입니다. 아리스토텔레스와 같은 그리스의 유명한 철학자가 4원소설을 주장해서 많은 사람은 이 이론을 믿었고, 실제 기원전 약 4세기부터 15세기까지 사람들은 4원소설을 믿게 되었습니다. 이에 사람들은 값싼 물질에 불, 물, 공기, 흙 등과 같은 원소들을 적절하게 섞어주거나 제거해서 금으로 만드는 방법을 연구하기 시작하였습니다. 이 방법이 위에서 언급한 연금술입니다. 사금을 캐는 사람들이 강가에 있는 모래에서 금을 얻었던 것과 같은 경험들이 연금술이 가능하다는 것을 믿게 만들기도 했습니다. 연금술에 의해 많은 사람은 많은 물질을 가열하기도 하고, 섞어보기도 하며, 물에 넣어보기도 하는 등 많은 실험을 하였습니다. 이러면서 물질에 대한 지식이 쌓이고 확장되어 현재 화학이라는 학문으로 발전하게 되었습니다.

실제 연금술이 가능할까요? 현대 화학에 의하면 원소는 고유한 성질을 가지고 있으므로 다른 원소로 변환시킬 수가 없습니다. 연금술사들은 이런 사실을 인정하지 못하고 '현자의 돌'과 같은 특수한 형태의 다른 요소가 있으면 물질들을 변환시킬 수 있다고 생각을 하기도 했습니다.

화학을 학습하는 데 있어서 화학의 역사 등을 함께 공부하면 화학 공부가 더욱더 즐겁습니다. 특히 연금술, 4원소설, 현자의 돌 등과 같은 내용은 영화, 만화, 소설 등에 자주 등장하여 화학을 공부하는데 더욱 흥미를 느끼게 합니다.

1. 비슷한 성질을 가지는 원소들

과학자들은 연금술에서 시작된 화학의 발달로 많은 원소에 대한 많은 자료를 얻게 되었습니다. 금속이지만 나무로도 쉽게 잘리는 성질이 있거나, 다른 물질과 전혀 반응하지 않는 성질이 있는 등 비슷한 성질들을 가지는 원소들이 있습니다. 예를 들어 리튬(Li), 나트륨(Na), 칼륨(K)의 성질이 비슷하고, 플루오린(F), 염소(Cl), 브로민(Br), 아이오딘(I)의 성질이 비슷하며, 헬륨(He), 네온(Ne), 아르곤(Ar)의 성질이 비슷합니다. 성질이 비슷한 리튬(Li), 나트륨(Na), 칼륨(K)을 알칼리 금속이라 하고, 플루오린(F), 염소(Cl), 브로민(Br), 아이오딘(I)을 할로젠 원소라고 하며, 헬륨(He), 네온(Ne), 아르곤(Ar)을 비활성 기체라고 합니다. 알칼리 금속은 어떤 비슷한 성질을 가졌는지 다음 실험을 통해 한번 확인을 해봅시다.

비활성 기체
반응을 거의 하지 않는 기체이다.

실험과정

(가) 리튬(Li)을 페트리 접시에 놓고 칼로 잘라 표면을 관찰한다.

(나) 비커에 물을 $\frac{1}{3}$ 정도 넣고 페놀프탈레인 용액을 2~4방울 떨어뜨린다.

(다) 리튬을 쌀알 크기로 잘라 (나)의 비커에 넣고 변화를 관찰한다.

(라) 나트륨(Na)과 칼륨(K)을 사용하여 (가)~(다)를 반복한다.

페놀프탈레인 용액
수소 이온(H^+)이 있는 산성 용액과 중성 용액에서는 무색이지만 수산화 이온(OH^-)이 있는 염기성 용액에서는 붉은색을 나타낸다.

실험결과

· (가)에서 리튬의 자른 단면은 은백색 광택을 나타냈지만, 잠시 후 광택이 사라졌다.

· (다)에서 리튬은 물과 반응하여 기체가 생성되었고, 수용액의 색이 붉은색으로 변하였다.

· 나트륨과 칼륨으로 실험해도 리튬을 사용한 실험과 같은 결과를 얻었다.

(다)의 실험 결과로부터 리튬(Li), 나트륨(Na), 칼륨(K)은 비슷한 성질을 가지는 것을 알 수 있습니다. (가)의 실험 결과로부터 알칼리 금속은 공기 중의 산소(O_2)결합하여 금속의 성질이 없는 다른 물질로 변하는 것을 알 수 있고, (다)의 실험 결과로부터 알칼리 금속은 물(H_2O)과 쉽게 반응하여 페놀프탈레인 용액을 붉게 만드는 수산화 이온(OH^-)과 기체를 만드는 것을 알 수 있습니다. 알칼리 금속의 성질을 정리하면 다음과 같습니다.

· 나무 칼로도 자를 수 있을 정도로 무르며, 밀도가 작다.

· 전자 1개를 잃고 +1의 전하를 띤 양이온이 되기 쉽다. $\underset{\text{알칼리 금속}}{M} \rightarrow M^+ + \underset{\text{전자}}{e^-}$

· 공기 중에서 쉽게 산소(O_2)와 반응한다. $\underset{\text{알칼리 금속}}{4M} + O_2 \rightarrow 2M_2O$

· 물(H_2O)과 쉽게 반응하여 수소 기체(H_2)를 생성한다. $\underset{\text{알칼리 금속}}{2M} + 2H_2O \rightarrow 2MOH + H_2$

알칼리 금속은 공기 중 산소(O_2), 물(H_2O)과 쉽게 반응하기 때문에 보관할 때 공기와 물이 닿지 않도록 석유 속에 넣어 보관합니다.

할로젠 원소인 플루오린(F), 염소(Cl), 브로민(Br), 아이오딘(I)도 서로 비슷한 성질을 가지고 있습니다. 그 내용을 정리하면 다음과같습니다.

· 공기 중에서 2원자 분자로 존재한다.
  예) 플루오린(F_2), 염소(Cl_2), 브로민(Br_2), 아이오딘(I_2)
· 전자 1개를 얻어 −1의 전하를 띤 음이온이 되기 쉽다.

$$X_2 + 2e^- \rightarrow 2X^-$$

할로젠 원소　전자

· 수소, 알칼리 금속과 쉽게 반응한다.

2원자 분자
2개의 원자로 이루어진 분자이다.

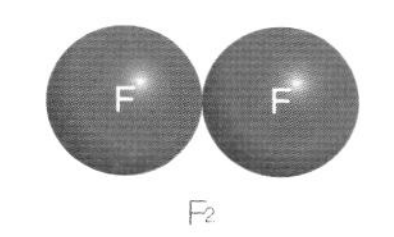

비활성 기체인 헬륨(He), 네온(Ne), 아르곤(Ar)은 다른 원소와 달리 거의 반응을 하지 않습니다. 비활성 기체는 반응을 거의 하지 않으므로 할로젠 원소처럼 2개 원자가 결합하여 분자를 이루지 않고 원자 1개가 분자를 이룹니다.

2. 주기율표와 주기성이 나타나는 이유

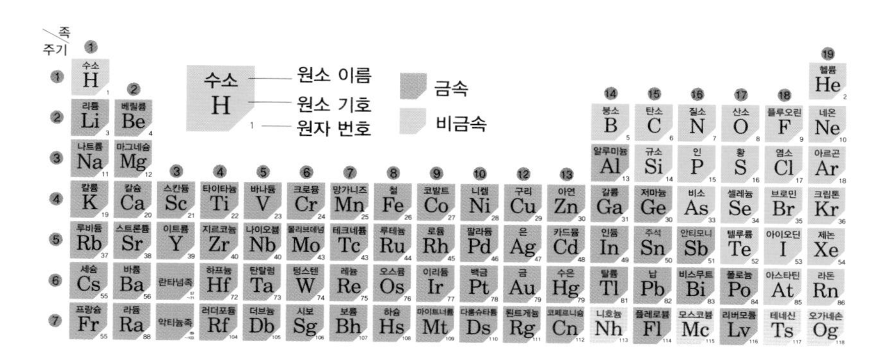

알칼리 금속, 할로젠 원소, 비활성 기체와 같이 비슷한 성질을 가는 원소들을 토대로 과학자들은 원소들의 규칙성을 발견하기 위해 많은 노력을

원자 번호
원자핵 속 양성자 수를 원자 번호라고 합니다. 탄소(C) 원자의 원자핵 속에는 양성자 수가 6이므로 원자 번호는 6이다.

기울였습니다. 많은 연구 끝에 원소들을 원자 번호 순서대로 배열하면 비슷한 성질이 주기적으로 나타내는 것을 발견하게 되었습니다. 이것을 정리하여 나타낸 것이 주기율표입니다.

주기율표에서 가로줄을 주기라고 하고, 세로줄을 족이라고 합니다. 족은 가족을 의미한다고 생각하면 됩니다. 가족의 성향이 같은 것처럼 같은 족 원소들은 성질이 비슷합니다. 알칼리 금속인 리튬(Li), 나트륨(Na), 칼륨(K)은 1족 원소이고, 할로젠 원소인 플루오린(F), 염소(Cl), 브로민(Br), 아이오딘(I)은 17족 원소이며, 비활성 기체인 헬륨(He), 네온(Ne), 아르곤(Ar)은 18족 원소입니다. 주기와 족은 각 원자의 전자 배치와도 밀접한 관계를 가지고 있습니다.

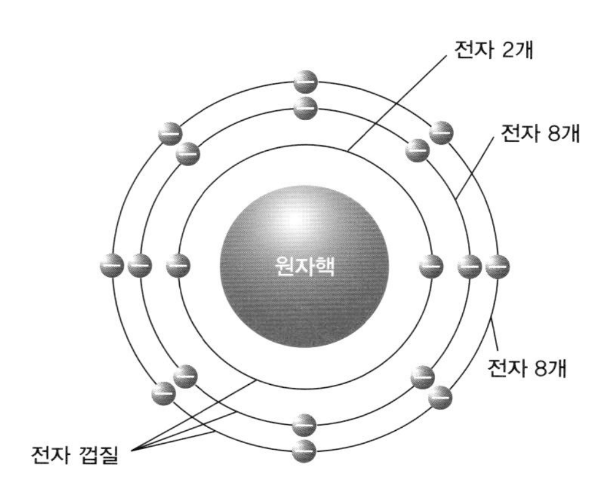

원자들은 전기적으로 중성이므로 양성자 수와 전자 수가 같고, 양성자 수는 원자 번호와 같습니다. 원자는 원자 번호에 해당하는 전자를 가지고 있습니다. 원자에 있는 전자는 아무렇게나 배치되는 것이 아니라 원자핵 주위에 있는 특정한 궤도에 배치되는데, 이 궤도를 전자 껍질이라고 합니다. 전자는 원자핵 가장 가까운 전자 껍질부터 2개, 8개, 8개까지 순서대로 들어갑니다.

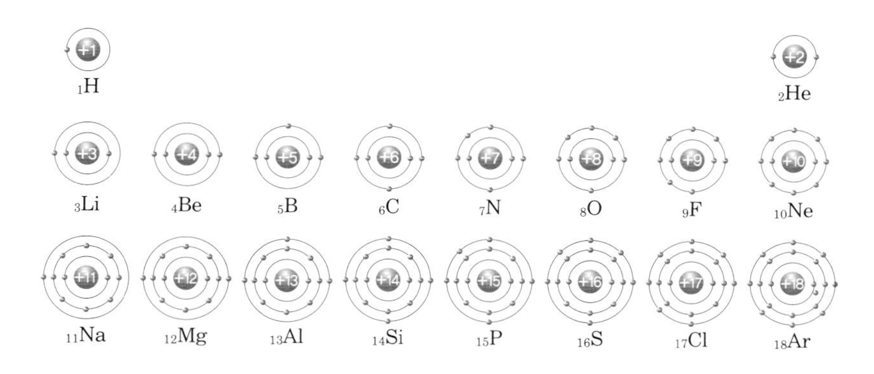

원자 번호 1번인 수소(H)부터 원자 번호 18번인 아르곤(Ar)까지 전자 배치를 모형으로 나타내면 위와 같습니다.

1주기 원소인 수소(H)와 헬륨(He)의 공통점은 무엇일까요? 2주기 원소인 리튬(Li)~네온(Ne)의 공통점과 3주기 원소인 나트륨(Na)~아르곤(Ar)의 공통점은 무엇일까요?

같은 주기 원소는 전자가 들어 있는 전자 껍질 수가 같습니다. 1주기 원소는 전자가 들어 있는 전자 껍질 수가 1개이고, 2주기 원소는 전자가 들어 있는 전자 껍질 수가 2개이며, 3주기 원소는 전자가 들어 있는 전자 껍질 수가 3개입니다.

이와 마찬가지로 같은 족 원소의 공통점은 무엇일까요? 1족 원소는 가장 바깥쪽 전자 껍질에 전자가 1개이고, 2족 원소는 가장 바깥쪽 전자 껍질에 전자가 2개이며, 13족 원소는 가장 바깥쪽 전자 껍질에 전자가 3개입니다. 족의 일의 자릿수는 가장 바깥쪽 전자 껍질의 전자 수와 같습니다. 같은 족 원소는 화학적 성질이 비슷하므로 가장 바깥쪽 전자 껍질의 전자 수는 원소의 화학적 성질에 영향을 준다는 것을 알 수 있습니다. 이처럼 가장 바깥쪽 전자 껍질의 전자 수는 중요한 의미를 지니므로 '원자가 전자 수'라고 이름을 붙여 화학에서 중요하게 다루고 있습니다.

각 주기마다 같은 원자가 전자 수를 가지는 원소가 존재하므로 원소의 주기성이 나타난다고 생각할 수 있습니다.

연습문제 1

나트륨(Na) 금속을 페놀프탈레인 용액이 들어 있는 물에 넣으니 수용액의 색이 붉은색으로 변하였고 기체가 발생하였다.

(1) 수용액의 색이 붉은색으로 변한 이유를 적으시오.

(2) 발생한 기체가 무엇인지 적으시오.

정답 및 풀이

(1) 알칼리 금속과 물이 반응하면 수산화 이온(OH^-)이 된다. 페놀프탈레인 용액은 수산화 이온과 만나 붉은색을 나타낸다.

(2) 나트륨과 물의 반응의 화학 반응식은 $2Na + 2H_2O \rightarrow 2NaOH + H_2$ 이므로 발생하는 기체는 수소 기체이다.

연습문제 2

플루오린(F)과 염소(Cl)가 이온이 되었을 때 이온의 화학식을 적으시오.

정답 및 풀이

플루오린(F)과 염소(Cl)는 전자를 하나 잃어 각각 플루오린화 이온(F^-)과 염화 이온(Cl^-)이 된다.

연습문제 3

원자 번호가 7번인 질소(N), 원자 번호가 8번인 산소(O), 원자 번호가 15번인 인(P)에서 같은 주기 원소와 같은 족 원소를 각각 찾아 적으시오.

정답 및 풀이

질소(N), 산소(O), 인(P)의 전자 배치는 다음과 같다.

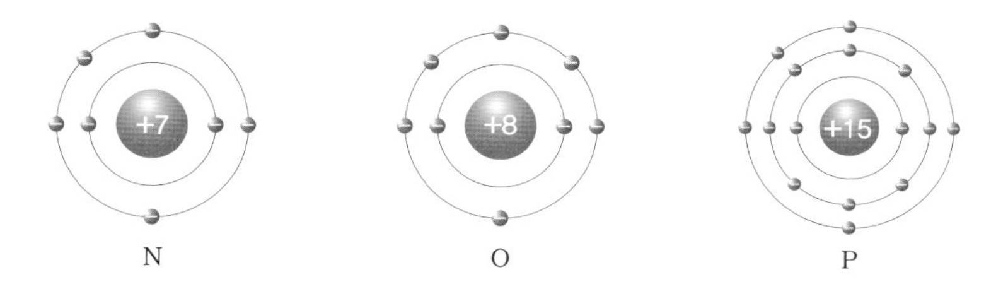

전자가 들어 있는 전자 껍질 수는 질소가 2, 산소가 2, 인이 3이므로 질소와 산소가 2주기 원소로 같은 주기 원소이다. 원자가 전자 수는 질소가 5, 산소가 6, 인이 5이므로 질소와 인이 15족 원소로 같은 족 원소이다.

물질의 규칙성으로 물질의 성질을 알 수 있을까?

비슷한 성질을 가지는 원소들

· 알칼리 금속 : 리튬(Li), 나트륨(Na), 칼륨(K) 등
  - 나무 칼로도 자를 수 있을 정도로 무르며, 밀도가 작다.
  - 전자 1개를 잃고 +1의 전하를 띤 양이온이 되기 쉽다.
  - 공기 중에서 쉽게 산소(O_2)와 반응한다.
  - 물(H_2O)과 쉽게 반응하여 수소 기체(H_2)를 생성한다.

· 할로젠 원소 : 플루오린(F), 염소(Cl), 브로민(Br), 아이오딘(I) 등
  - 공기 중에서 플루오린(F_2), 염소(Cl_2), 브로민(Br_2), 아이오딘(I_2)과 같은 2원자 분자로 존재한다.
  - 전자를 1개 얻어 −1의 전하를 띤 음이온이 되기 쉽다.
  - 수소, 알칼리 금속과 쉽게 반응한다.

· 비활성 기체 : 헬륨(He), 네온(Ne), 아르곤(Ar) 등
  - 다른 원소와 거의 반응을 하지 않는다.
  - 원자 1개가 분자를 이룬다.

주기율표 : 원소들을 원자 번호 순서대로 배열하여 비슷한 성질이 주기적으로 나타나도록 만든 표이다.

· 원자 번호 : 원자핵 속 양성자 수로 원자에서 원자 번호 = 양성자 수 = 전자 수이다.

· 주기 : 주기율표에서 가로줄로, 전자가 들어 있는 전자 껍질 수와 같다.

· 족 : 주기율표에서 세로줄로, 족의 일의 자릿수는 가장 바깥 전자 껍질에 있는 전자 수와 같다. 같은 족 원소는 화학적 성질이 비슷하다.

· 전자 배치 : 원자핵에 가장 가까운 전자 껍질부터 각각 전자가 2개, 8개, 8개씩 들어간다.

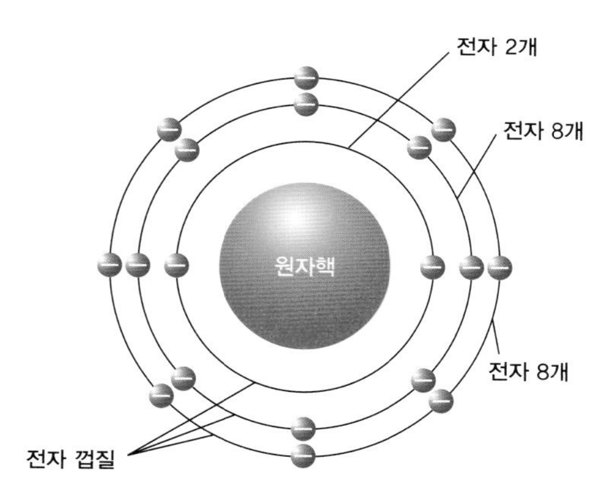

주기성이 나타나는 이유

· 원자가 전자 수 : 가장 바깥쪽 전자 껍질의 전자 수이다. 같은 족 원소는 원자가 전자 수가 같고, 화학적 성질이 비슷하다.

· 주기성이 나타나는 이유 : 각 주기마다 같은 원자가 전자 수를 가지는 원소가 존재하기 때문이다.

원소들의 화학 결합과 물질의 생성

핵심 질문

화학 결합에 의한 물질 생성은 어떻게 일어날까?

1. 원자가 결합을 형성하는 이유

다음은 비활성 기체인 헬륨(He), 네온(Ne), 아르곤(Ar)의 전자 배치 모형입니다.

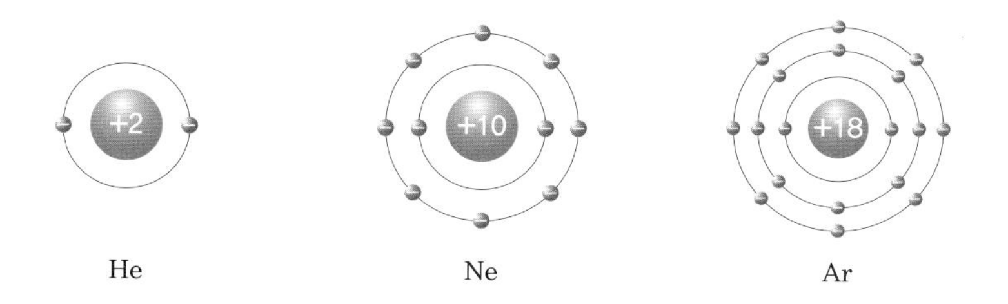

비활성 기체는 반응을 거의 하지 않으므로 에너지가 낮은 상태입니다. 화학에서는 에너지가 낮아서 반응이나 변화가 없으면 안정하다고 하고, 원자나 물질은 안정한 상태가 되려 합니다. 비활성 기체는 안정한 상태입니다. 안정한 상태인 비활성 기체들의 공통점은 무엇일까요?

비활성 기체는 전자 껍질에 전자가 가득 채워져 있다는 공통점을 가지고 있습니다. 마치 내 수중에 용돈이 9,990원 있을 때와 10,000원 있을 때를 비교하면 10,000원 있을 때가 좀 더 기분이 편안해집니다. 이와 마찬가지로 원자들은 전자 껍질에 전자를 가득 채우려 합니다. 원소들은 전자를 가득 채우기 위해서 전자를 잃거나 얻어 이온이 되거나, 다른 원자와 결합을 합니다.

전자 껍질에 전자를 가득 채우게 되면 전자 배치는 헬륨(He), 네온(Ne), 아르곤(Ar)과 같아집니다. 네온과 아르곤은 가장 바깥쪽 전자 껍질에 전자가 똑같이 8개 채워집니다. 이처럼 네온, 아르곤 같이 전자가 8개 채워질 때는 8을 의미하는 접두사인 옥타(octa-)를 이용하여 '옥텟 규칙을 만족한다' 라고 표현합니다.

2. 금속과 비금속의 성질

원소를 전기 전도성과 연관 지어 어떻게 분류할 수 있을까요?

전기 전도성
전류가 흐를 수 있는 정도를 나타냅니다. 전기 전도성이 있으면 전류가 흐르고, 전기 전도성이 없으면 전류가 흐르지 않는다.

전기가 통하여 전기 전도성이 있는 원소는 금속 원소이고 전기가 통하지 않아 전기 전도성이 없는 원소는 비금속 원소입니다. 이처럼 원소는 크게 금속 원소와 비금속 원소로 나눌 수 있습니다. 금속 원소가 전기 전도성이 있는 이유는 무엇일까요? 다음은 몇 가지 금속 원소의 전자 배치 모형입니다.

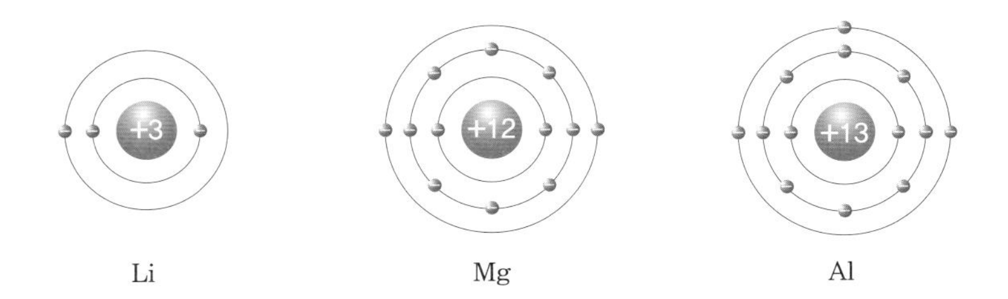

리튬(Li), 마그네슘(Mg), 알루미늄(Al)은 원자가 전자 수가 1~3개로 적은 편입니다. 리튬, 마그네슘, 알루미늄이 모두 비활성 기체의 전자 배치가 되어 안정해지기 위해서는 전자를 1~3개 잃는 것이 전자를 5~7개 얻는 것보다 쉽습니다. 그래서 금속 원소는 전자를 잃어 양이온이 되기 쉽고, 내놓은 전자가 이동하면서 전류가 흐르도록 합니다.

리튬(Li) 원자는 양성자와 전자의 개수가 같은 상태입니다. 리튬에서 전자 1개를 잃으면 양성자가 1개 더 많아지므로 리튬은 전하가 +1인 리튬 이온(Li^{+})이 됩니다. 마그네슘(Mg)은 전자 2개를 잃어 전하가 +2인 마그네슘 이온(Mg^{2+})이 되고, 알루미늄(Al)은 전자 3개를 잃어 전하가 +3인 알루미늄 이온(Al^{3+})이 됩니다.

이온의 전하
이온이 띠는 전하의 양을 상대적으로 나타낸 것입니다. 이온의 전하가 +1인 이온은 +1가 양이온, +2인 이온은 +2가 양이온으로 부르고, 전하가 −1인 이온은 −1가 음이온, −2인 이온은 −2가 음이온이라고 부른다.

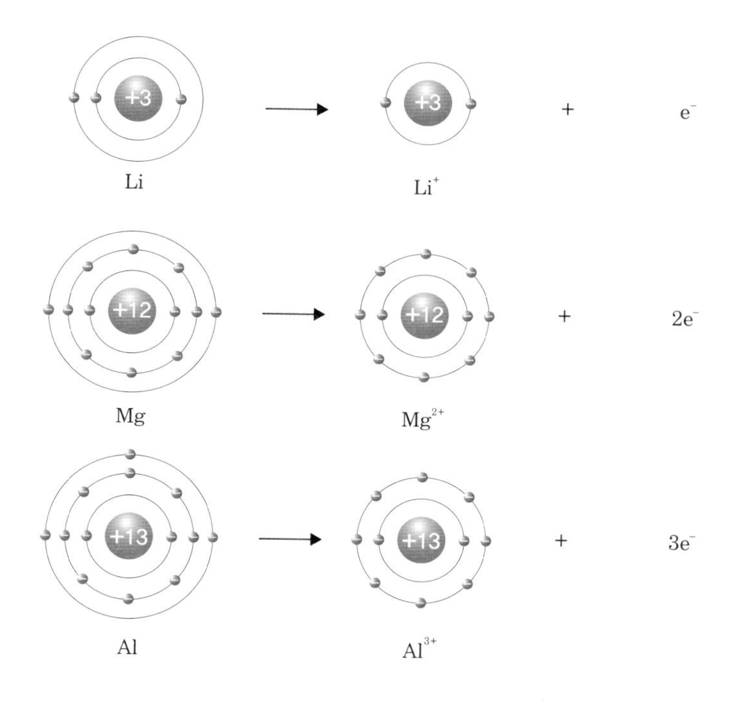

이와 반대로 비금속 원소가 전기 전도성이 없는 이유는 무엇일까요? 다음은 몇 가지 비금속 원소의 전자 배치 모형입니다.

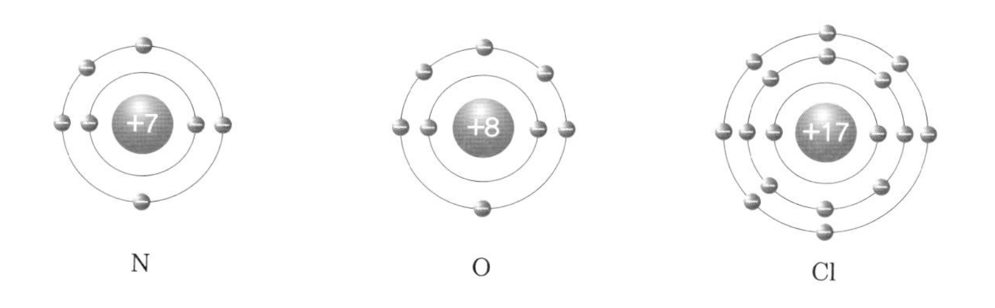

질소(N), 산소(O), 염소(Cl)는 원자가 전자 수가 5~7개로 많은 편입니다. 질소, 산소, 염소는 비활성 기체의 전자 배치가 되기 위해서 전자를 얻는 것이 쉽습니다. 그래서 비금속 원소는 전자를 얻어 음이온이 되기 쉽고, 흘러준 전류를 전달해주지 못하여 전기 전도성이 없습니다.

질소(N) 원자는 양성자와 전자의 개수가 같은 상태입니다. 질소가 전자 3개를 얻으면 전자가 3개 더 많아지므로 질소는 전하가 -3인 질화 이온(N^{3-})이 됩니다. 산소(O)는 전자 2개를 얻어 전하가 -2인 산화 이온(O^{2-})이 되고, 염소(Cl)는 전자 1개를 얻어 전하가 -1인 염화 이온(Cl^{-})이 됩니다.

질화 이온
원소명에 '소'가 들어간 원소는 음이온이 되면 '소'를 제외하고 '~화 이온'을 붙여 명명한다.

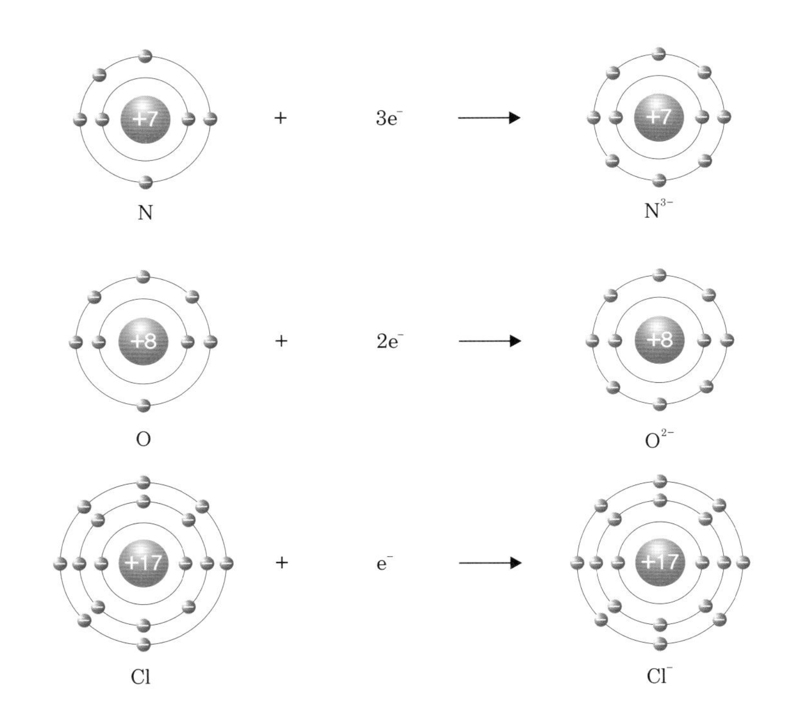

지금까지 설명했던 내용을 좀 더 쉽게 표현하여 정리하면 금속은 전자를 내놓으려는 성질이 크고, 비금속은 전자를 얻으려는 성질이 큽니다.

3. 이온 결합

금속 원소와 비금속 원소가 서로 만나 화합물을 만들 때는 어떻게 결합이 이루어질까요?

금속 원소는 전자를 내놓으려고 하고, 비금속 원소는 전자를 얻으려고 하므로 금속 원소의 전자는 비금속 원소로 이동합니다. 금속 원소는 전자를 잃었으므로 양이온이 되고, 비금속 원소는 전자를 얻었으므로 음이온이 됩니다. (+) 전하를 띤 입자와 (-) 전하를 띤 입자 사이에는 전기적 인력이 작용하므로 양이온과 음이온 사이에는 전기적 인력이 작용하여 결합합니다. 이 결합을 이온 결합이라고 합니다.

다음은 염화 나트륨(NaCl)이 생성되는 과정을 나타낸 것입니다.

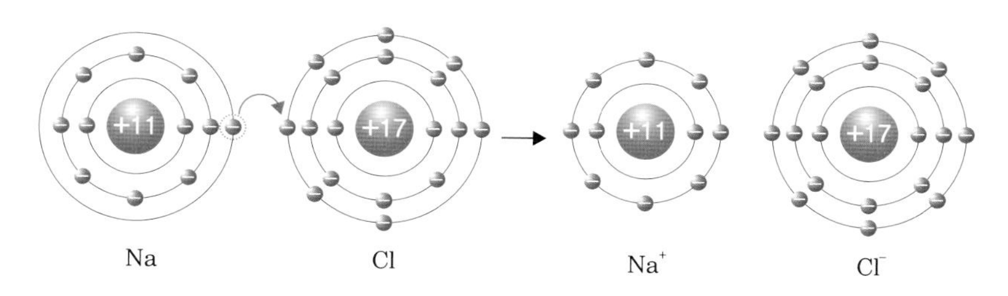

금속 원소인 나트륨(Na)과 비금속 원소인 염소(Cl)가 만나면 나트륨의 전자 1개는 염소로 이동하여 나트륨 이온(Na^+)과 염화 이온(Cl^-)이 생성되고, 나트륨 이온과 염화 이온 사이의 전기적 인력에 의해 이온 결합이 형성됩니다. 이온 결합을 형성하는 나트륨 이온은 네온(Ne)과 전자 배치가 같고, 염화 이온은 아르곤(Ar)과 전자 배치가 같습니다. 나트륨 이온과 염화 이온은 가장 바깥쪽 전자 껍질에 전자가 8개 있으므로 옥텟 규칙을 만족합니다.

> 옥텟 규칙
> 네온(Ne), 아르곤(Ar)의 전자 배치와 같이 가장 바깥쪽 전자 껍질에 전자가 8개가 존재하는 것을 의미한다.

염화마그네슘($MgCl_2$)의 형성 과정도 이와 비슷합니다. 금속 원소인 마그네슘(Mg)이 전자를 잃어 마그네슘 이온(Mg^{2+})이 되고, 비금속 원소인 염소(Cl^-)가 전자를 얻어 염화 이온(Cl^-)이 되어 칼슘 이온과 염화 이온 사이의 전기적 인력에 의해 이온 결합이 형성됩니다. 이온 결합을 형성하는 칼슘 이온과 염화 이온은 모두 옥텟 규칙을 만족합니다.

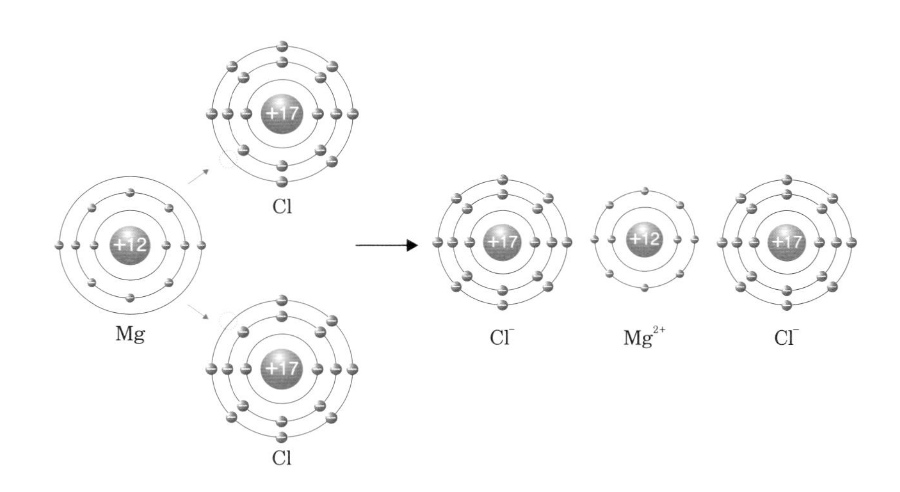

이온 결합을 하는 물질을 이온 결합 물질 또는 이온 결합 화합물이라고 합니다. 고체 상태의 이온 결합 물질은 양이온과 음이온이 교대로 위치하여 전기적 인력에 의해 이온들이 강하게 고정되어 있습니다. 고체 상태의 이온 결합 물질에 열을 가하여 액체 상태로 만들게 되면 양이온과 음이온이 자유롭게 움직일 수 있는 상태가 됩니다.

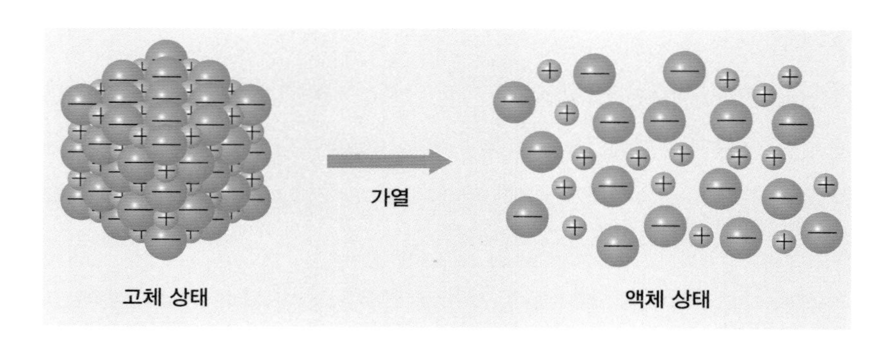

고체 상태인 이온 결합 물질과 액체 상태인 이온 결합 물질에 전류를 흘려주면 어떻게 될까요?

이온 결합 물질은 고체 상태나 액체 상태일 때 모두 전하를 띠고 있는 입자인 이온이 존재합니다. 그렇지만 고체 상태일 때 전류를 흘려주면 이온이 이동할 수 없어 전류가 흐르지 않습니다. 액체 상태일 때에는 전류를 흘려주면 양이온은 전원 장치의 (-)극 쪽으로 이동하고 음이온은 전원 장치의 (+)극 쪽으로 이동하면서 전류가 흐릅니다. 그러면 이온 결합 물질을 물에 녹인 수용액은 전류가 흐를까요?

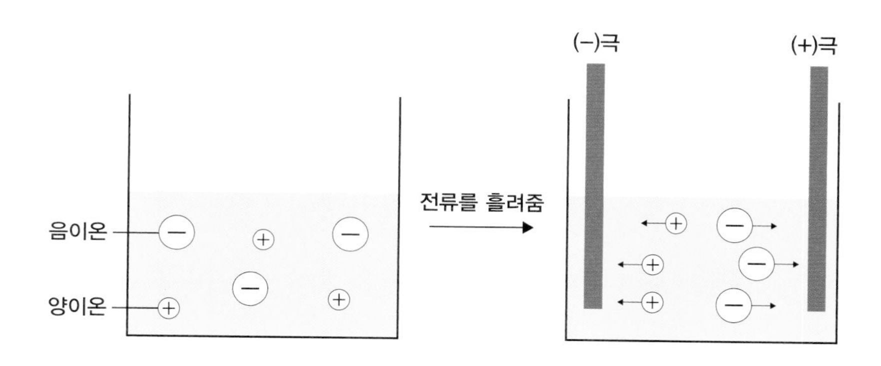

이온 결합 물질을 물에 녹이면 물에 의해 양이온과 음이온으로 분리됩니다. 이온 결합 물질의 수용액에 전류를 흘려주면 양이온은 전원 장치의 (-)극 쪽으로 이동하고, 음이온은 전원 장치의 (+)극 쪽으로 이동하면서 전류가 흐릅니다.

즉, 이온 결합 물질은 고체 상태일 때 전기 전도성이 없지만, 액체 상태와 수용액 상태일 때 전기 전도성이 있습니다.

4. 공유 결합

비금속 원소와 비금속 원소가 서로 만나 물질을 만들 때는 어떻게 결합이 이루어질까요?

비금속 원소는 전자를 얻으려고 하므로 물질을 구성하는 원자는 다른 원자의 전자를 빼앗아 오고, 다른 원자도 마찬가지로 전자를 빼앗아 오면서 결합이 이루어지게 됩니다. 두 원자는 빼앗아 온 전자를 공유하면서 결합을 하게 되는데, 이 결합을 공유 결합이라고 합니다. 예를 들어 수소(H) 2개가 결합하여 수소(H_2)가 되는 과정을 살펴보면 다음과 같습니다.

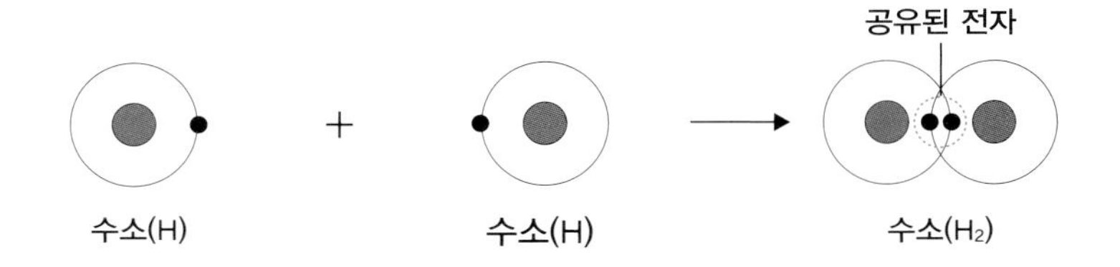

두 수소 원자는 모두 다른 수소 원자의 전자를 공유하면서 결합을 하고, 전자를 공유함으로써 비활성 기체인 헬륨(He)의 전자 배치를 가지게 되어 안정해집니다.

원자가 공유 결합하여 이루어진 물질을 공유 결합 물질이라고 하고, 수소(H_2)와 같이 몇 개의 원자가 공유 결합하여 이루어진 공유 결합 물질을 분자라고 합니다.

다음은 플루오린 분자(F_2)의 형성 과정을 모형을 나타낸 것입니다.

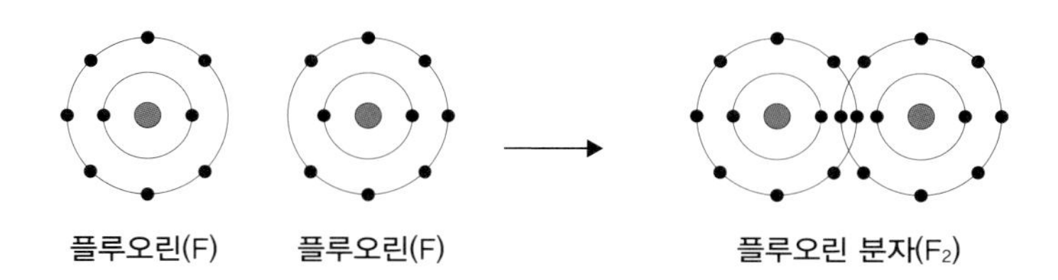

플루오린(F)은 원자가 전자 수가 7이므로 공유 결합을 통해 비활성 기체의 전자 배치를 가지기 위해서는 전자 1개를 공유해야 합니다. 그래서 플루오린 분자(F_2)는 전자 2개가 공유되면서 공유 결합을 합니다. 플루오린 분자에서 각 원자의 가장 바깥쪽 전자 껍질의 전자를 보면 공유된 전자가 2개이고 공유되지 않은 전자가 12개입니다. 공유된 전자는 2개는 공유 결합 1개를 나타내므로 플루오린 분자에는 공유 결합이 1개 있습니다.

이와 비슷하게 산소 분자(O_2)와 질소 분자(N_2)의 형성 과정을 모형으로 나타내면 다음과 같습니다.

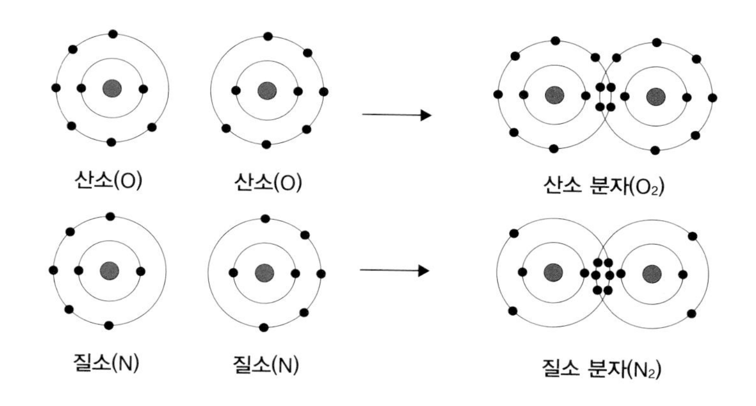

산소(O)는 원자가 전자 수가 6이므로 전자 2개를 공유해야 비활성 기체의 전자 배치를 가지고, 질소(N)는 원자가 전자 수가 5이므로 전자 3개를 공유해야 비활성 기체의 전자 배치를 가집니다. 산소 분자는 공유된 전자가 4개이고, 질소 분자는 공유된 전자가 6개입니다. 공유된 전자 2개가 공유 결합 1개를 나타내므로 산소 분자는 원자 사이에 공유 결합이 2개 있고, 질소 분자는 원자 사이에 공유 결합이 3개 있습니다.

두 원자 사이에 있는 1개의 공유 결합을 단일 결합이라고 하고, 2개의 공유 결합을 2중 결합이라고 하며, 3개의 공유 결합을 3중 결합이라고 합니다. 플루오린 분자(F_2)에는 단일 결합이 있고, 산소 분자에는 2중 결합이 있으며, 질소 분자에는 3중 결합이 있습니다.

단일 결합, 2중 결합과 3중 결합의 표시
구조식에서 단일 결합은 '−', 2중 결합은 '=', 3중 결합은 '≡'으로 나타냅니다. 예를 들어 플루오린 분자는 F−F, 산소 분자는 O=O, 질소 분자는 N≡N으로 나타낸다.

같은 원자 사이의 공유 결합뿐만 아니라 다른 원자 사이의 공유 결합도 가능합니다. 다음은 수소(H) 원자 2개와 산소(O) 원자 1개가 만나 물 분자(H_2O)가 되는 과정을 나타낸 것입니다.

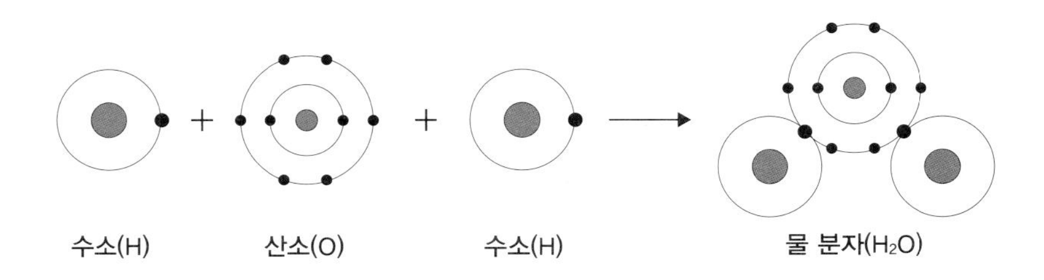

수소(H)는 산소(O)와 전자 1개를 공유하여 비활성 기체를 전자 배치를 가지고, 산소(O)는 2개의 수소(H)와 전자 2개를 공유하여 비활성 기체의 전자 배치를 가집니다. 물 분자에서 수소(H)와 산소(O) 사이에 공유된 전자가 2개이므로 단일 결합이 있습니다.

공유 결합 물질인 분자는 고체 상태, 액체 상태, 수용액 상태일 때 전류를 흘려주면 어떻게 될까요?

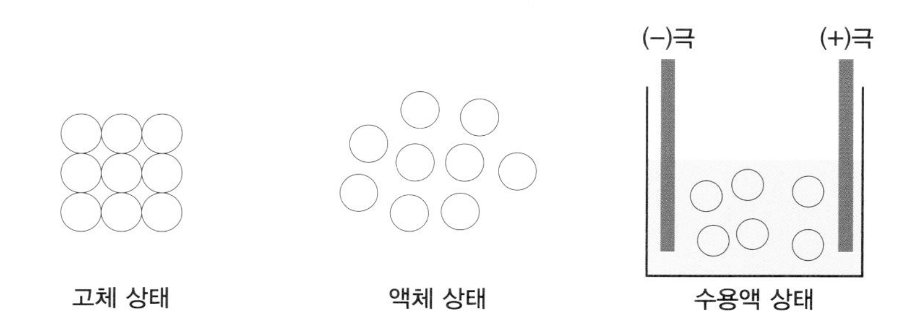

분자는 전하를 띤 입자가 없으므로 고체 상태, 액체 상태, 수용액 상태일 때 모두 전류가 흐를 수 없고, 전기 전도성이 없습니다.

연습문제 1

다음 이온의 전자 배치와 같은 원자를 적으시오.

(1) 플루오린화 이온(F^-)

(2) 나트륨 이온(Na^+)

(3) 황화 이온(S^{2-})

정답 및 풀이

(1) 플루오린(F)은 원자 번호가 9번이므로 전자가 9개 있다. 플루오린화 이온(F^-)은 플루오린 원자에서 전자 1개를 얻어 생성되므로 플루오린화 이온의 전자 배치는 네온(Ne)과 같다.

(2) 나트륨(Na)은 원자 번호가 11이므로 전자가 11개 있다. 나트륨 원자에서 전자 1개가 빠져나가 나트륨 이온(Na^+)이 생성되므로 나트륨 이온의 전자 배치는 네온(Ne)과 같다.

(3) 황(S)은 원자 번호가 16번이므로 전자가 16개 있다. 황화 이온(S^{2-})은 황 원자에서 전자 2개를 얻어 생성되므로 황화 이온의 전자 배치는 아르곤(Ar)과 같다.

연습문제 2

염화 나트륨(NaCl) 수용액과 설탕 수용액의 전기 전도성을 비교하고 그 이유를 적으시오.

정답 및 풀이

염화 나트륨(NaCl)은 이온 결합 물질이므로 수용액 상태에서 양이온과 음이온이 존재하므로 전기 전도성이 있다. 설탕은 공유 결합 물질이므로 수용액 상태에서 전하를 띤 입자가 없어 전기 전도성이 없다.

연습문제 3

그림은 주기율표의 일부를 나타낸 것이다. A~C 중 2가지 원소가 결합하여 이온 결합을 형성하는 물질의 화학식과 공유 결합을 형성하는 물질의 화학식을 구하시오.

주기 \ 족	1	2	16	17
1	A			
2	B			C

정답 및 풀이

A~C는 각각 수소(H), 리튬(Li), 플루오린(F)이다. 이 중 금속 원소는 B(Li)이고, 비금속 원소는 A(H), C(F)이다. 이온 결합은 금속 원소와 비금속 원소로 이루어지므로 이온 결합을 형성하는 물질은 BA(LiF), BC(LiF)이다. 공유 결합은 비금속 원소로 이루어지므로 공유 결합을 형성하는 물질은 AC(HF)이다.

정리

화학 결합에 의한 물질 생성은 어떻게 일어날까?

원자가 결합을 형성하는 이유

- 원소는 비활성 기체의 전자 배치를 가지려는 성질을 가진다. 네온(Ne)과 아르곤(Ar)의 전자 배치를 가지는 경우 '옥텟 규칙을 만족한다'라고 말한다.
- 원소는 이온이 되거나 화학 결합을 형성하여 비활성 기체의 전자 배치와 같아지려고 한다.

금속과 비금속의 성질

- 금속 : 전자를 잃어 양이온이 되기 쉬운 원소이다.
  - $Li \rightarrow Li^{+} + e^{-}$
  - $Mg \rightarrow Mg^{2+} + 2e^{-}$
  - $Al \rightarrow Al^{3+} + 3e^{-}$
- 비금속 : 전자를 얻어 음이온이 되기 쉬운 원소이다.
  - $N + 3e^{-} \rightarrow N^{3-}$
  - $O + 2e^{-} \rightarrow O^{2-}$
  - $Cl + e^{-} \rightarrow Cl^{-}$

이온 결합 : 금속 원소와 비금속 원소로 이루어진 화학 결합이다.

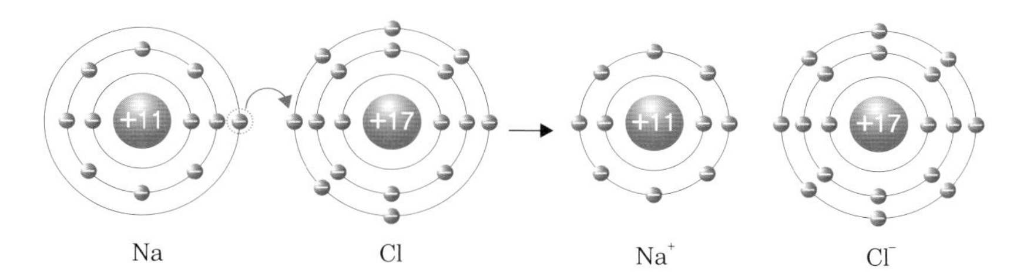

- 금속 원소에서 비금속 원소로 전자가 이동하여 금속 원소는 양이온이 되고, 비금속 원소는 음이온이 된다.
- 양이온과 음이온의 전기적 인력에 의해 화학 결합(이온 결합)이 이루어진다.
- 이온 결합 물질은 고체 상태에서 전기 전도성이 없지만, 액체 상태와 수용액 상태에서 전기 전도성이 있다.

공유 결합 : 비금속 원소로 이루어진 화학 결합이다.

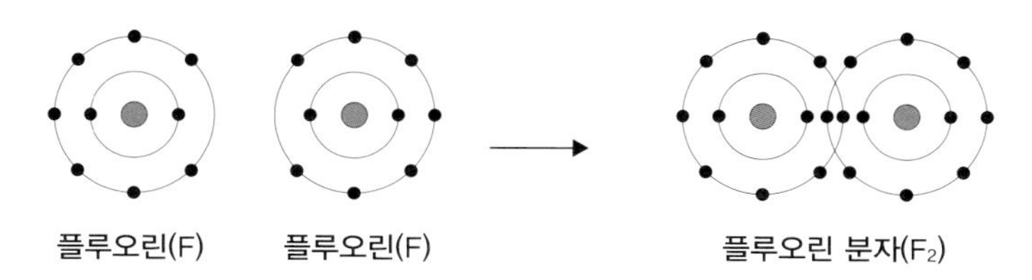

플루오린(F) 플루오린(F) 플루오린 분자(F_2)

- 두 원자가 서로 전자를 공유하면서 이루어진다.
- 공유 결합 물질은 고체 상태, 액체 상태, 수용액 상태에서 모두 전기 전도성이 없다.

화학 변화

핵심 질문

화학반응이 일으킨 지구와 생명의 변화는 무엇일까?

1. 지구와 생명의 역사에 변화를 가져온 화학 반응

1) 지구와 생명의 역사에 변화를 가져온 화학 반응의 공통점

지구와 생명의 역사에 큰 변화를 가져온 사건에는 무엇이 있을까요?

여러 가지가 있겠지만, 가장 먼저 생각할 수 있는 것은 광합성입니다. 광합성은 세포 내 엽록체에서 물과 이산화 탄소를 재료로 빛에너지를 흡수하여 포도당과 산소를 만들어내는 과정입니다. 광합성을 하는 생물체가 나타나면서 생물은 스스로 물질을 합성할 수 있게 되었고, 광합성 결과 생성된 산소는 대기의 조성을 변화시키게 되었습니다. 대기에 산소가 풍부해지자 산소로 호흡하는 생물이 나타났습니다. 시간이 흐를수록 산소 호흡을 하는 생물들이 양이 증가하고, 반대로 무산소 호흡을 하는 생물들의 양은 줄어들어 생물의 구성 비율에 큰 변화가 생겼습니다.

광합성과 호흡의 화학 반응은 다음과 같습니다.

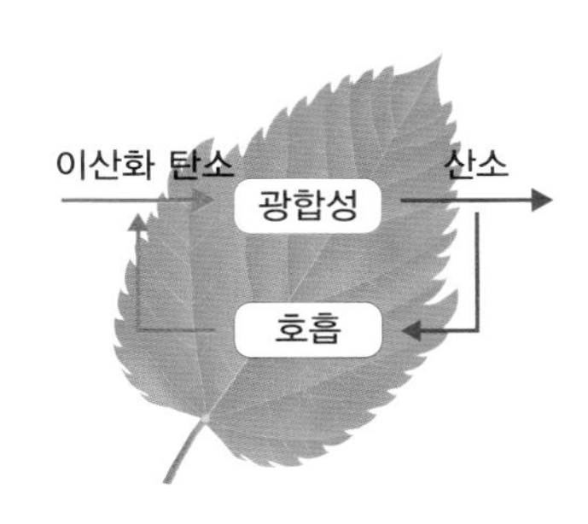

$$광합성 : 6CO_2 + 12H_2O \xrightarrow{빛에너지} C_6H_{12}O_6 + 6H_2O + 6O_2$$

$$호흡 : C_6H_{12}O_6 + 6H_2O \rightarrow 6CO_2 + 12H_2O + 에너지$$

인류의 탄생은 지구와 생명의 역사에서 큰 변화를 가져온 사건 중 하나입니다. 인류는 도구를 사용하여 문명을 발전시켜 왔습니다. 인류가 도구를 만들 때 사용한 재료 중 역사적으로 의미가 있는 것은 철입니다. 철은 기존에 도구의 재료로 이용된 나무, 돌, 구리 등에 비해 단단하여 인류 문명의 발전에 큰 영향을 미쳤습니다. 철은 철광석을 제련하여 얻을 수 있습니다. 용광로에 산화철(Fe_2O_3)이 주성분인 철광석과 코크스(C)를 넣으면 화학 반응이 일어나 철이 만들어집니다. 이때 일어나는 화학 반응은 다음과 같습니다.

코크스(C)
석탄을 가공한 연료로 불순물이 거의 없다.

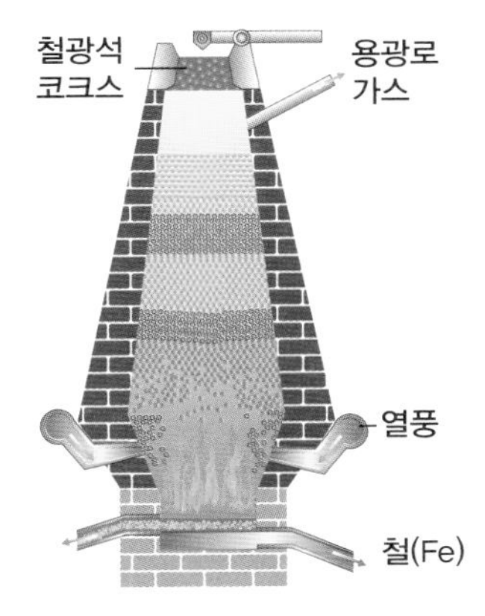

$$2C + O_2 \rightarrow 2CO$$

$$Fe_2O_3 + 3CO \rightarrow 2Fe + 3CO_2$$

인류는 철을 제련하여 사용할 뿐만 아니라 화석 연료를 연소시켜 발생하는 열로 에너지를 얻거나 증기 기관을 작동시켜 문명을 더욱 발전시켰습니다. 화석 연료는 석탄, 석유, 천연가스 등을 의미하고, 이것들은 먼 옛

연소
물질이 빛이나 열을 내면서 빠르게 산소와 결합하는 반응입니다. 쉽게 불이 붙을 때 일어나는 반응이라고 생각해도 된다.

날 지구상에 살았던 생물의 잔해에 의해 생성된 에너지 자원입니다. 대표적인 화석 연료로는 천연가스의 주성분인 메테인(CH_4)이 있습니다. 메테인은 현재 도시가스의 연료, 버스의 연료로 이용되고 있습니다. 메테인의 연소 반응은 다음과 같습니다.

$$CH_4 + 2O_2 \rightarrow CO_2 + 2H_2O$$

지구와 생명의 역사에 큰 변화를 일으킨 광합성과 호흡, 철의 제련, 메테인의 연소 반응은 모두 산소(O_2)와 관련이 있고, 이 반응들을 산화 환원 반응이라고 합니다.

2) 화학 반응식 완성하기

화학 반응을 화학 반응식으로 나타내면 어떤 물질이 어떻게 변하는지 쉽게 확인을 할 수 있습니다. 메테인(CH_4)의 연소 반응을 화학 반응식으로 나타내는 과정을 알아봅시다.

1단계 : 반응물과 생성물을 화학식으로 나타내고, 화살표를 이용하여 화학 반응을 나타냅니다.

- 반응물은 메테인(CH_4)과 산소(O_2)이고, 생성물은 이산화 탄소(CO_2)와 물(H_2O)입니다. '반응물 → 생성물'로 나타냅니다.

$$CH_4 + O_2 \rightarrow CO_2 + H_2O$$

2단계 : 반응물과 생성물을 이루는 원자의 종류와 개수가 같아지도록 화학식의 계수를 맞춥니다.

- H 원자는 반응물인 CH_4에 4개 있고, 생성물인 H_2O에 2개 있으므로 H_2O 앞에 계수 2를 붙이면 반응물과 생성물을 이루는 H 원자는 4개로 같습니다.

$$CH_4 + O_2 \rightarrow CO_2 + 2H_2O$$

- O 원자는 반응물인 O_2에 2개 있고, 생성물인 CO_2에 2개 있으며 $2H_2O$ 앞에 2개 있으므로 O_2 앞에 계수 2를 붙이면 반응물과 생성물을 이루는 O 원자는 4개로 같습니다.

$$CH_4 + 2O_2 \rightarrow CO_2 + 2H_2O$$

2. 산화와 환원으로 일어나는 다양한 변화

1) 산소의 이동과 산화 환원 반응

지구의 역사뿐만 아니라 우리 주변에는 다양한 화학 반응이 일어나고 있습니다. 이런 화학 반응들은 산화 환원 반응, 산·염기 반응 등으로 분류할 수 있습니다.

이 중 산화 환원 반응은 산소(O_2)와 관련이 있는 반응입니다. 산소는 공기 중에서 20%를 차지하는 기체로 다른 물질과 쉽게 결합하는 성질을 가지고 있습니다. 공기 중에 물질을 두면 산소와 결합하여 물질의 성질이 변하는 현상이 일어납니다. 예를 들어 껍질을 깎은 과일을 접시에 놓아두면 잠시 후 과일 표면에 갈색으로 변하는 갈변 현상이 일어나고, 나트륨과 같은 금속을 공기 중에 두면 금속 광택이 사라지는 현상이 일어납니다. 이것은 모두 과일과 금속 모두 공기 중의 산소와 결합하기 때문에 일어나는 현상입니다.

이처럼 산소가 결합하면서 일어나는 반응, 즉 산소의 결합과 관련이 있는 반응을 산화 환원 반응이라고 합니다. 산화 환원 반응 중 산소와 결합하는 반응을 산화 반응이라고 하고, 산소와 분리되는 반응을 환원 반응이라고 합니다. 산화 환원 반응은 공기에 있는 산소에 의해 나타나므로 쉽게 확인할 수 있는 반응입니다.

산화 환원 반응을 확인할 수 있는 간단한 실험을 해봅시다.

실험과정

겉불꽃과 속불꽃
겉불꽃에 산소가 충분하여 완전 연소가 일어나 이산화 탄소가 발생합니다. 그러나 속불꽃에는 산소가 충분하지 않아 불완전 연소가 일어나 일산화 탄소가 발생한다.

(가) 알코올램프에 불을 붙인다.

(나) 구리(Cu)판을 알코올램프의 겉불꽃에 넣고 색 변화를 관찰한다.

(다) (나)에서 겉불꽃에 넣은 구리판의 부분을 알코올램프의 속불꽃에 넣고 색 변화를 관찰한다.

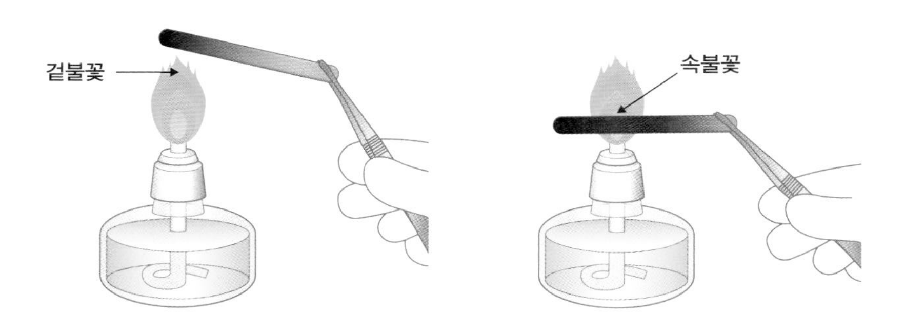

실험결과

· (나)에서 붉은색의 구리판이 검은색으로 변하였다.

· (다)에서 검은색으로 변한 부분이 붉은색으로 변하였다.

(나)에서 붉은색의 구리를 겉불꽃에 넣으면 구리가 산소와 결합하여 검은색의 산화 구리(Ⅱ)(CuO)가 생성됩니다. (다)에서 산화 구리(Ⅱ)를 속불꽃에 넣으면 산화 구리(Ⅱ)는 속불꽃에 있는 일산화 탄소(CO)와 반응하여 산소와 분리됩니다. 속불꽃에서 검은색의 산화 구리(Ⅱ)가 붉은

색의 구리로 됩니다. (나)와 (다)에서 일어나는 반응의 화학 반응식은 다음과 같습니다.

$$(나)\ 2Cu + O_2 \rightarrow 2CuO$$

$$(다)\ 2CuO + CO \rightarrow 2Cu + CO_2$$

(나)에서 구리는 산소와 결합하므로 산화되었고, (다)에서 산화 구리(Ⅱ)는 산소와 분리되므로 환원되었습니다. (다)에서 일산화 탄소는 산소와 결합하므로 산화되었습니다.

다른 실험으로 산화 환원 반응을 좀 더 확인해 봅시다.

실험과정

(가) 시험관에 산화 구리(Ⅱ)(CuO)가루를 넣고 시험관에서 발생한 기체가 석회수를 통과하도록 장치한다.

(나) 시험관에 들어 있는 산화 구리(Ⅱ)를 가열한다.

(다) 시험관 속의 변화와 석회수의 변화를 관찰한다.

실험결과

· (다)에서 시험관 속 검은색의 산화 구리(Ⅱ)가 없어지고 붉은색의 구리(Cu)가 생성된다.

· (다)에서 석회수가 뿌옇게 흐려진다.

석회수
수산화 칼슘($Ca(OH)_2$)을 녹인 물로 이산화 탄소와 만나면 뿌옇게 흐려진다.

시험관에 넣은 산화 구리(Ⅱ)는 (다)에서 붉은색의 구리가 되므로 환원됩니다. 석회수는 이산화 탄소와 만나면 뿌옇게 흐려지므로 시험관에 넣은 탄소 가루는 (다)에서 산소와 결합하여 이산화 탄소가 됩니다. 이 실험에서 일어나는 화학 반응식은 다음과 같습니다.

$$2CuO + C \rightarrow 2Cu + CO_2$$

이 반응에서 산화되는 물질은 탄소이고, 환원되는 물질은 산화 구리(Ⅱ)입니다.

산화 환원 반응이 일어나면 물질을 구성하는 원소가 달라지므로 물질의 성질이 달라집니다. 구리가 산화되어 산화 구리(Ⅱ)가 되면 붉은색에서 검은색으로 변하고, 산화 구리(Ⅱ)가 환원되어 구리가 되면 붉은색에서 검은색으로 변합니다. 탄소가 산화되면 이산화 탄소가 되어 기체로 변합니다.

산화 환원 반응에 의해 물질의 성질이 변하는 것은 철(Fe)이 녹스는 것으로부터 확인할 수 있습니다. 철은 우리 주변에서 흔히 볼 수 있는 금속으로 단단한 성질을 가지고 있고, 은백색 광택을 나타냅니다. 철을 공기 중에 두면 공기 중 산소와 결합하여 산화됩니다. 이때 일어나는 반응의 화학 반응식은 다음과 같습니다.

$$4Fe + 3O_2 \rightarrow 2Fe_2O_3$$

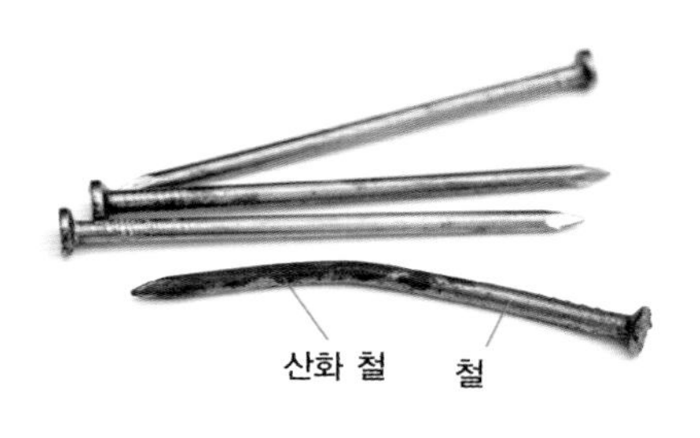

철은 산화되어 산화 철(Fe_2O_2)이 됩니다. 산화 철은 금속이 아니므로 광택을 가지지 않고, 붉은색을 띱니다. 또한, 단단하지 않고 쉽게 부서지는 성질을 가지고 있습니다. 철이 산화되어 산화 철이 되면 성질이 변하기 때문에 철로써의 역할을 하지 못하게 됩니다. 이것을 우리는 철이 녹슬었다고 말을 합니다.

지구와 생명의 역사에서 중요한 변화에 해당하는 광합성과 호흡, 철의 제련, 메테인의 연소 반응은 산화 환원 반응이라고 하였습니다. 이 반응에서 산화되는 물질과 환원되는 물질을 각각 무엇일까요?

먼저 광합성과 호흡의 화학 반응식을 보면 다음과 같습니다.

$$광합성 : 6CO_2 + 12H_2O \xrightarrow{빛에너지} C_6H_{12}O_6 + 6H_2O + 6O_2$$

$$호흡 : C_6H_{12}O_6 + 6H_2O + 6O_2 \rightarrow 6CO_2 + 12H_2O + 에너지$$

광합성에서 이산화 탄소(CO_2)는 산소와 분리되어 포도당($C_6H_{12}O_6$)이 되므로 환원되고, 물(H_2O)은 산소와 결합하여 산소(O_2)가 되므로 산화됩니다. 산화되는 물질은 물(H_2O)이고, 환원되는 물질은 이산화 탄소(CO_2)입니다. 호흡은 광합성의 역반응이므로 포도당($C_6H_{12}O_6$)이 산화되어 이산화 탄소(CO_2)가 되고, 산소(O_2)가 환원되어 물(H_2O)이 됩니다. 산화되는 물질은 포도당($C_6H_{12}O_6$)이고, 환원되는 물질은 산소(O_2)입니다.

광합성에서 환원되는 물질

6개의 이산화 탄소(CO_2)가 결합하여 포도당($C_6H_{12}O_6$)이 된다고 여기면 됩니다. 이때 이산화 탄소에서 C원자와 O원자의 개수비는 1:2이고, 포도당에서 C원자와 O원자의 개수비는 1:1이므로 CO_2에서 O원자가 분리되는 것으로 생각해도 된다.

철의 제련에서 일어나는 반응은 다음과 같습니다.

$$2C + O_2 \rightarrow 2CO$$

$$Fe_2O_3 + 3CO \rightarrow 2Fe + 3CO_2$$

코크스(C)는 산소와 결합하여 일산화 탄소(CO)가 되므로 산화됩니다. 산화철(Fe_2O_3)은 산소와 분리되어 철(Fe)이 되므로 환원되고, 일산화 탄소(CO)는 산소와 결합하여 이산화 탄소(CO_2)가 되므로 산화됩니다. 첫 번째 반응에서 산화되는 물질은 코크스(C)이고, 두 번째 반응에서 산화되는 물질은 일산화 탄소(CO), 환원되는 물질은 산화철(Fe_2O_3)입니다.

$$CH_4 + 2O_2 \rightarrow CO_2 + 2H_2O$$

메테인(CH_4)은 산소와 결합하여 이산화 탄소(CO_2)가 되므로 산화됩니다. 산화되는 물질은 메테인(CH_4)입니다.

2) 전자의 이동과 산화 환원 반응

산화 환원 반응에서 산소와 결합하는 반응을 산화 반응이라고 하고, 산소와 분리되는 반응을 환원 반응이라고 합니다. 산소와 결합하거나 분리되면 화학적으로 어떤 현상이 일어나게 될까요?

산소는 반응을 잘하는 성질이 있을 뿐 아니라 다른 원자와 결합하여 전자를 끌어당기는 힘이 모든 원소 중에서 두 번째로 큽니다. 산소는 거의 모든 원자와 결합하면 전자를 끌어당겨 전자를 뺏고, 산소와 결합한 상태에서 산소와 분리되면 산소가 빼앗은 전자를 다시 되돌려 주게 됩니다. 즉, 산소와 결합하는 산화 반응은 산소에게 전자를 뺏기는 반응이고, 산소와 분리되는 환원 반응은 다시 뺏긴 전자를 다시 되돌려 받는 반응입니다. 산화 반응은 전자를 잃는 반응이고, 환원 반응은 전자를 얻는 반응입니다. 기존에 산소의 이동으로 설명하는 산화 환원 반응을 전자의 이동으로 설명할 수 있게 되었습니다.

	산화	환원
산소의 이동	산소와 결합하는 반응	산소와 분리되는 반응
전자의 이동	전자를 잃는 반응	전자를 얻는 반응

다음 실험으로 전자의 이동에 의한 산화 환원 반응을 살펴봅시다.

실험과정

(가) 황산 구리(Ⅱ)($CuSO_4$) 수용액이 들어 있는 비커에 마그네슘(Mg)판을 넣고 변화를 관찰한다.

(나) 질산 은($AgNO_3$) 수용액이 들어 있는 비커에 구리(Cu)판을 넣고 변화를 관찰한다.

실험결과

- (가)에서 마그네슘 판에 구리 금속이 석출되고, 수용액의 푸른색이 점점 옅어진다.
- (나)에서 구리 판에 은 금속이 석출되고, 수용액의 색이 점점 푸른색으로 변한다.

황산 구리(Ⅱ) 수용액에는 구리 이온(Cu^{2+})과 황산 이온(SO_4^{2-})이 있고, 구리 이온은 수용액에서 푸른색을 나타내므로 황산 구리(Ⅱ) 수용액은 푸른색입니다. 황산 구리(Ⅱ) 수용액에 마그네슘판을 넣으면 마그네슘이 전자를 잃어 마그네슘 이온이 되고, 구리 이온은 전자를 얻어 구리 금속이 됩니다. 수용액에 들어 있는 구리 이온의 양이 점점 감소하므로 수용액의 푸른색이 점점 옅어집니다. 이때 일어나는 반응의 화학 반응식은 다음과 같습니다.

$$Cu^{2+} + Mg \rightarrow Cu + Mg^{2+}$$

구리 이온은 전자를 얻으므로 환원되고, 마그네슘은 전자를 잃으므로 산화됩니다.

질산 은 수용액에는 은 이온(Ag^+)과 질산 이온(NO_3^-)이 있습니다. 질산 은 수용액에 구리판을 넣으면 구리가 전자를 잃어 구리 이온이 되고, 은 이온은 전자를 얻어 은 금속이 됩니다. 수용액에 들어 있는 구리 이온의 양이 점점 증가하므로 수용액의 푸른색이 점점 진해집니다. 이 때 일어나는 반응의 화학 반응식은 다음과 같습니다.

$$2Ag^+ + Cu \rightarrow 2Ag + Cu^{2+}$$

은 이온은 전자를 얻으므로 환원되고, 구리는 전자를 잃으므로 산화됩니다.

두 반응 모두 산소의 이동이 없지만, 전자의 이동이 있으므로 산화 환원 반응입니다. 산소의 이동으로 산화 반응인지 환원 반응인지 판단하기 어려울 경우에는 전자의 이동으로 판단하면 됩니다. 질산 은과 구리의 화학 반응식에서 은 이온 앞에 계수가 2입니다. 그 이유가 무엇일까요? 화학 반응식을 완성할 때 반응 전과 후 원자의 종류와 개수가 같아야 하는 것과 마찬가지로 반응 전과 후 전하량의 합이 같아야 하기 때문입니다. 만약 화학 반응식이 Ag^{+} + Cu → Ag + Cu^{2+}이라면 반응물의 전하량의 합은 +1에 해당하지만, 반응 후의 전하량의 합은 +2에 해당하여 서로 다른 값을 가집니다. 이럴 경우 반응이 일어나면 전자가 1개씩 없어지므로 이런 반응이 계속 진행된다면 모든 전자는 없어져야 하므로 말이 되지 않습니다. 그래서 은 이온 앞에 계수 2를 적으면 반응 전과 후 전하량의 합이 모두 +2에 해당하여 반응이 일어나도 전체 물질이나 전자의 양이 일정하게 유지됩니다.

이처럼 산화 환원 반응은 산소의 이동과 전자의 이동으로 설명할 수 있습니다. 어떤 물질이 산소를 얻으면 다른 어떤 물질은 산소를 잃고, 어떤 물질이 전자를 얻으면 다른 어떤 물질은 전자를 잃습니다. 즉, 산화 반응과 환원 반응은 항상 동시에 일어납니다.

연습문제 1

수소(H_2)와 산소(O_2)가 반응하여 물(H_2O)이 생성되는 화학 반응식을 나타내시오.

정답 및 풀이

(1) 반응물은 H_2, O_2이고, 생성물은 H_2O이다.

$H_2 + O_2 \rightarrow H_2O$

(2) O 원자는 반응물인 O_2에 2개 있고, 생성물인 H_2O에 1개 있으므로 H_2O 앞에 계수 2를 붙이면 다음과 같다.

$H_2 + O_2 \rightarrow 2H_2O$

(3) H 원자는 반응물인 H_2에 2개 있고, 생성물인 $2H_2O$에 4개 있으므로 H_2 앞에 계수 2를 붙이면 다음과 같이 화학 반응식을 완성할 수 있다.

$2H_2 + O_2 \rightarrow 2H_2O$

연습문제 2

다음은 산화 환원 반응의 화학 반응식이다. 각 반응식에서 요구하는 물질을 구하시오.

(1) $2Na + O_2 \rightarrow 2Na_2O$ 에서 산화되는 물질

(2) $CuO + CO \rightarrow Cu + CO_2$ 에서 산화되는 물질과 환원되는 물질

(3) $2Mg + CO_2 \rightarrow 2MgO + C$ 에서 산화되는 물질과 환원되는 물질

정답 및 풀이

(1) 나트륨(Na)은 산소와 결합하여 산화 나트륨(Na_2O)이 된다. 산화되는 물질은 나트륨(Na)이다.

(2) 산화 구리(Ⅱ)(CuO)는 산소와 분리되어 구리(Cu)가 되고, 일산화 탄소(CO)는 산소와 결합하여 이산화 탄소(CO_2)가 된다. 산화되는 물질은 일산화 탄소(CO)이고, 환원되는 물질은 산화 구리(Ⅱ)(CuO)이다.

(3) 마그네슘(Mg)은 산소와 결합하여 산화 마그네슘(MgO)이 되고, 이산화 탄소(CO_2)는 환원되어 탄소(C)가 된다. 산화되는 물질은 마그네슘(Mg)이고, 환원되는 물질은 이산화 탄소(CO_2)이다.

연습문제 3

다음은 산화 환원 반응의 화학 반응식이다. 산화되는 물질과 환원되는 물질을 찾으시오.

(1) $2Na + Cl_2 \rightarrow 2NaCl$

(2) $2Mg + O_2 \rightarrow 2MgO$

(3) $4Fe + 3O_2 \rightarrow 2Fe_2O_3$

(4) $2H^+ + Zn \rightarrow H_2 + Zn^{2+}$

정답 및 풀이

(1) 염화 나트륨(NaCl)을 구성하는 입자는 나트륨 이온(Na^+)과 염화 이온(Cl^-)이다. 나트륨(Na)은 전자를 잃어 나트륨 이온이 되고, 염소(Cl_2)는 전자를 얻어 염화 이온이 되므로 산화되는 물질은 나트륨이고, 환원되는 물질은 염소이다.

(2) 산화 마그네슘(MgO)을 구성하는 입자는 마그네슘 이온(Mg^{2+})과 산화 이온(O^{2-})이다. 마그네슘(Mg)은 전자를 잃어 마그네슘 이온이 되고, 산소(O_2)는 전자를 얻어 산화 이온이 되므로 산화되는 물질은 마그네슘이고, 환원되는 물질은 산소이다.

(3) 산화 철(Fe_2O_3)을 구성하는 입자는 철 이온(Fe^{3+})과 산화 이온(O^{2-})이다. 철(Fe)은 전자를 잃어 철 이온이 되고, 산소(O_2)는 전자를 얻어 산화 이온이 되므로 산화되는 물질은 철이고, 환원되는 물질은 산소이다.

(4) 수소 이온(H^+)은 전자를 얻어 수소(H_2)가 되고, 아연(Zn)은 전자를 잃어 아연 이온(Zn^{2+})이 되므로 산화되는 물질은 아연이고, 환원되는 물질은 수소이다.

화학반응이 일으킨 지구와 생명의 변화는 무엇일까?

광합성과 호흡

· 광합성 : $6CO_2 + 12H_2O \xrightarrow{\text{빛에너지}} C_6H_{12}O_6 + 6H_2O + 6O_2$

· 호흡 : $C_6H_{12}O_6 + 6H_2O + 6O_2 \rightarrow 6CO_2 + 12H_2O +$ 에너지

철의 제련

· $2C + O_2 \rightarrow 2CO$

· $Fe_2O_3 + 3CO \rightarrow 2Fe + 3CO_2$

메테인의 연소 반응

· $CH_4 + 2O_2 \rightarrow CO_2 + 2H_2O$

산화와 환원으로 일어나는 다양한 변화

산소의 이동과 산화 환원 반응

· 산화 : 산소와 결합하는 반응

· 환원 : 산소와 분리되는 반응

환원

$2CuO + CO \rightarrow 2Cu + CO_2$

산화

전자의 이동과 산화 환원 반응

· 산화 : 전자를 잃는 반응

· 환원 : 전자를 얻는 반응

환원

$Cu^{2+} + Mg \rightarrow Cu + Mg^{2+}$

산화

우리 주변의 산과 염기

핵심 질문

산과 염기는 어떻게 구분할까?

1. 우리 주변의 산과 염기

우리 주변에서 다른 물질과 반응을 잘하는 물질들이 있습니다. 그 물질 중 대표적인 물질이 산과 염기입니다. 사과, 귤 등과 같은 과일에는 구연산과 같은 산이 들어 있어 상큼한 맛이 나고, 식초에는 아세트산이 들어 있어 신맛을 내며, 이산화 탄소가 녹아 있는 탄산음료에는 탄산이 들어 있습니다. 산이 녹아 있는 수용액은 산성을 나타냅니다.

비누에는 염기인 수산화 나트륨이 들어 있고, 치약에는 탄산 나트륨과 같은 염기성물질과 제빵 소다에는 탄산 수소 나트륨과 같은 염기성 물질이 들어 있습니다. 염기와 염기성 물질이 녹아 있는 수용액은 염기성을 나타냅니다.

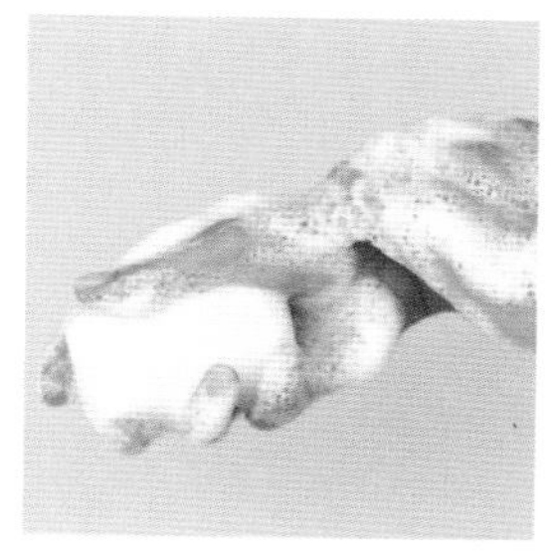 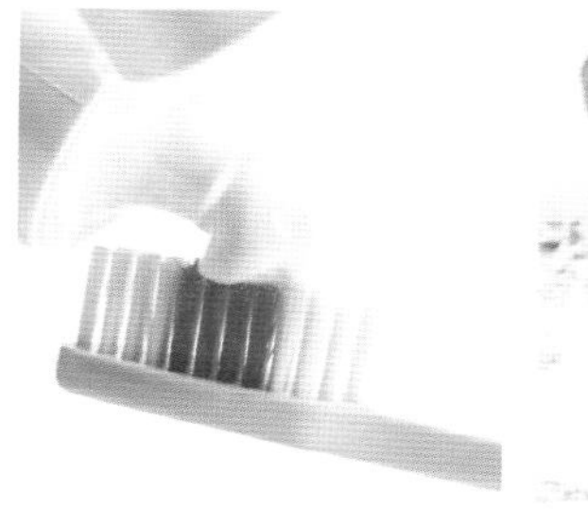 

우리 주변뿐만 아니라 우리 몸에도 산과 염기가 있습니다. 위에서 분비되는 위액에는 염산이라는 산이 들어 있고, 또한 격렬한 운동을 하면 근육에 젖산이 쌓이게 되어 피로를 느끼게 됩니다. 십이지장으로 분비되는 이자액에는 염기성 물질이 들어 있어 소화를 돕습니다.

이처럼 산과 염기는 우리 주변과 우리 몸속에 많이 존재하므로 산과 염기에 대하여 아는 것이 필요합니다.

2. 산과 염기의 공통적인 성질

산과 염기는 각각 어떠한 성질이 있을까요?
다음 실험을 통해 산과 염기의 성질을 확인해 보도록 합시다.

실험과정

(가) 24홈판에 묽은 염산, 식초, 수산화 나트륨 수용액, 비눗물을 각각 가로로 한 줄씩 넣는다.

(나) 붉은색 리트머스 종이, 푸른색 리트머스 종이, 페놀프탈레인 용액, 전기 전도계 탐지 장치, 마그네슘 금속, 탄산 칼슘을 각각 세로로 한 줄씩 넣고 변화를 관찰한다.

	붉은색 리트머스 종이	푸른색 리트머스 종이	페놀 프탈레인 용액	전기 전도계 탐지장치	마그네슘 금속	탄산 칼슘
묽은 염산	○	○	○	○	○	○
식초	○	○	○	○	○	○
수산화 나트륨 수용액	○	○	○	○	○	○
비눗물	○	○	○	○	○	○

실험결과

	묽은 염산	식초	수산화 나트륨 수용액	비눗물
붉은색 리트머스 종이	변화 없음	변화 없음	푸른색으로 변함	푸른색으로 변함
푸른색 리트머스 종이	붉은색으로 변함	붉은색으로 변함	변화 없음	변화 없음
페놀프탈레인 용액	변화 없음	변화 없음	붉은색으로 변함	붉은색으로 변함
전기 전도계 탐지 장치	전류가 흐름	전류가 흐름	전류가 흐름	전류가 흐름
마그네슘 금속	기체 발생	기체 발생	변화 없음	변화 없음
탄산 칼슘	기체 발생	기체 발생	변화 없음	변화 없음

산이 있는 물질의 성질을 산성이라고 하고, 염기가 있는 물질의 성질을 염기성이라고 합니다. 묽은 염산과 식초는 산이 들어 있으므로 산성이고, 수산화 나트륨과 비눗물은 염기가 들어 있으므로 염기성입니다. 산성 물질은 푸른색 리트머스 종이를 붉은색으로 변화시키고, 금속 또는 탄산 칼슘과 반응하여 기체를 발생시킵니다. 염기성 물질은 붉은색 리트머스 종이를 푸른색으로 변화시키고, 페놀프탈레인 용액과 만나 붉은색으로 변합니다. 산성 물질과 염기성 물질은 수용액 상태에서 모두 전기 전도성이 있습니다. 이와 같이 산과 염기는 각각 공통적인 성질이 있습니다.

산의 공통적인 성질을 자세히 알아보기 전에 산과 염기에는 어떤 것이 있는지 알아봅시다.

산에는 산의 성질이 강한 강산과 산의 성질이 약한 약산이 있고, 염기에는 염기의 성질이 강한 강염기와 염기의 성질이 약한 약염기가 있습니다. 다음은 대표적인 강산, 약산, 강염기, 약염기입니다.

강산	약산	강염기	약염기
염산(HCl) 질산(HNO_3) 황산(H_2SO_4)	탄산(H_2CO_3) 아세트산(CH_3COOH)	수산화 나트륨($NaOH$) 수산화 칼륨(KOH) 수산화 칼슘($Ca(OH)_2$)	암모니아(NH_3) 수산화 마그네슘($Mg(OH)_2$)

강산과 약산의 화학식을 보면 모두 수소(H)가 포함된 것을 알 수 있고, 강염기와 약염기의 화학식을 보면 모두 수산화 이온(OH^-)이 포함된 것을 알 수 있습니다. 산에 있는 수소는 물에서 수소 이온(H^+)이 되므로 산의 성질과 염기의 성질은 각각 수소 이온과 수산화 이온에 의해 나타납니다. 산과 염기가 각각 물에 녹았을 때 일어나는 반응은 다음과 같습니다.

산	염기
$HCl \rightarrow H^+ + Cl^-$	$NaOH \rightarrow Na^+ + OH^-$
$HNO_3 \rightarrow H^+ + NO_3^-$	$KOH \rightarrow K^+ + OH^-$
$H_2SO_4 \rightarrow 2H^+ + SO_4^{2-}$	$Ca(OH)_2 \rightarrow Ca^{2+} + 2OH^-$
$H_2CO_3 \rightarrow 2H^+ + CO_3^{2-}$	$NH_3 + H_2O \rightarrow NH_4^+ + OH^-$
$CH_3COOH \rightarrow CH_3COO^- + H^+$	$Mg(OH)_2 \rightarrow Mg^{2+} + 2OH^-$

NH_3
암모니아는 물에 녹으면 NH_4OH가 된 후 NH^{4+}, OH^-이 된다고 생각해도 된다.

산은 물에 녹으면 수소 이온(H^+)을 내놓고, 염기는 물에 녹으면 수산화 이온(OH^-)을 내놓습니다. 산의 성질은 수소 이온에 의해, 염기의 성질은 수산화 이온에 의해 나타납니다.

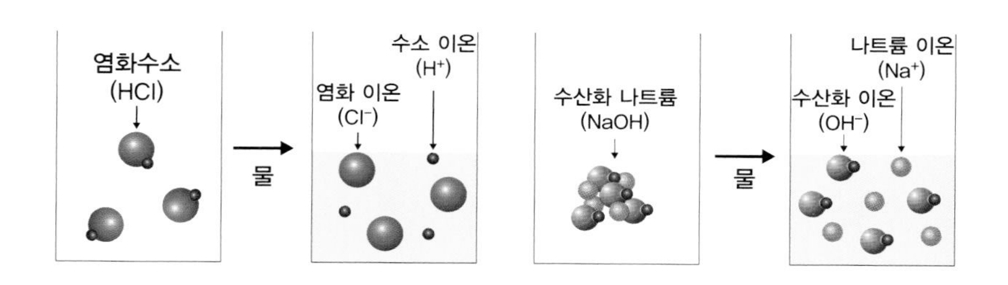

산과 염기를 물에 녹이면 모두 이온이 만들어지므로 산과 염기의 수용액은 전기 전도성이 있습니다. 산과 염기의 수용액에 전기 전도계 탐지 장치를 이용하면 전류가 흐르는 것을 알 수 있습니다.

지시약
용액이 산성인지 염기성인지 알려주는 약품이다.

산과 염기는 지시약의 색 변화를 일으킵니다. 푸른색 리트머스 종이, 붉은색 리트머스 종이, BTB 용액, 페놀프탈레인 용액, 메틸 오렌지 용액 등은 대표적인 지시약입니다.

푸른색 리트머스 종이는 산성에서 붉은색으로 변하고, 중성과 염기성에서 변화가 없습니다. 붉은색 리트머스 종이는 염기성에서 푸른색으로 변하고, 중성과 산성에서 변화가 없습니다.

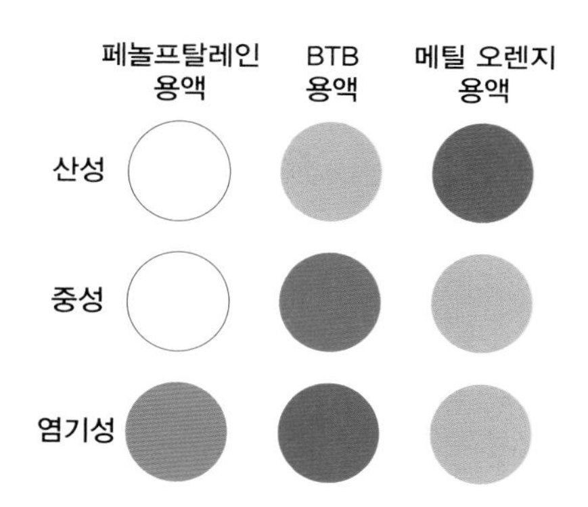

BTB 용액은 산성에서 붉은색, 중성에서 녹색, 염기성에서 푸른색을 나타내고, 페놀프탈레인 용액은 산성과 중성에서 무색, 염기성에서 붉은색을 나타내며, 메틸 오렌지 용액은 산성에서 붉은색, 중성과 염기성에서 노란색을 나타냅니다.

산은 마그네슘(Mg), 아연(Zn)

등과 같은 금속과 반응하여 기체를 발생시킵니다. 염산(HCl)과 마그네슘의 반응의 화학 반응식은 다음과 같습니다.

$$2HCl + Mg \rightarrow MgCl_2 + H_2$$

이 반응에서 생성되는 기체는 수소 기체(H_2)입니다.

산은 탄산 칼슘($CaCO_3$)과 반응하여 기체를 발생시킵니다. 염산(HCl)과 탄산 칼슘의 반응의 화학 반응식은 다음과 같습니다.

$$2HCl + CaCO_3 \rightarrow CaCl_2 + H_2O + CO_2$$

이 반응에서 생성되는 기체는 이산화 탄소(CO_2)입니다. 탄산 칼슘은 조개껍데기, 달걀 껍데기, 석회석, 대리석에 많이 포함되어 있습니다. 이 물체에 산을 뿌리면 녹으면서 이산화 탄소가 발생하게 됩니다.

염기는 산과 다른 성질을 나타냅니다. 염기는 산과 달리 대부분 금속, 탄산 칼슘과 반응하지 않습니다. 대신 염기는 단백질을 녹이는 성질을 가지고 있어서 염기를 손으로 만지면 미끈거립니다. 염기는 단백질을 녹이기 때문에 머리카락으로 막힌 하수 구멍을 뚫는 데 이용되기도 합니다.

산과 염기는 독특한 맛을 나타냅니다. 산은 신맛을 나타내고, 염기는 쓴맛을 나타냅니다. 산이 들어있어 신맛을 느끼게 하는 과일과 식초는 음식 조리에 이용됩니다.

연습문제 1

다음 물질을 물에 녹일 때 이온이 생성되는 과정을 화학 반응식으로 나타내시오.

(1) HCl

(2) CH_3COOH

(3) KOH

(4) NH_3

정답 및 풀이

(1) $HCl \rightarrow H^+ + Cl^-$

(2) $CH_3COOH \rightarrow CH_3COO^- + H^+$

(3) $KOH \rightarrow K^+ + OH^-$

(4) $NH_3 + H_2O \rightarrow NH_4^+ + OH^-$

연습문제 2

염기는 손으로 만지면 미끈거린다. 그 이유를 적으시오.

정답 및 풀이

염기는 단백질을 녹이므로 손으로 만지면 미끈거린다.

연습문제 3

다음 물질의 공통적인 성질을 쓰시오.

HCl	HNO_3	H_2SO_4	CH_3COOH	H_2CO_3

정답 및 풀이

제시된 물질은 모두 산이다. 산의 공통적인 성질은 다음과 같다.

1) 산의 수용액에는 이온이 있으므로 전기 전도성이 있다.
2) 산의 수용액은 지시약의 색을 변화시킨다.
3) 산은 금속과 반응하여 수소 기체를 발생시킨다.
4) 산은 탄산 칼슘과 반응하여 이산화 탄소 기체를 발생시킨다.
5) 산은 신맛이 난다.

연습문제 4

다음 물질의 수용액 중 BTB 용액을 넣었을 때 푸른색으로 변하는 것을 모두 고르시오.

HNO_3	H_2CO_3	$NaOH$	$Ca(OH)_2$	$Mg(OH)$

정답 및 풀이

BTB 용액은 산성에서 노란색, 중성에서 녹색, 염기성에서 푸른색을 나타낸다. 제시된 물질 중 염기는 $NaOH$, $Ca(OH)_2$, $Mg(OH)_2$ 이므로 $NaOH$, $Ca(OH)_2$, $Mg(OH)_2$의 수용액은 BTB 용액을 넣었을 때 푸른색으로 변한다.

정리

산과 염기는 어떻게 구분할까?

우리 주변의 산과 염기

- 산 : 사과, 귤 등과 같은 과일에 들어 있는 구연산, 식초에 들어 있는 아세트산, 탄산 음료에 들어 있는 탄산
- 염기 : 비누에 들어 있는 수산화 나트륨, 치약에 들어 있는 탄산 나트륨, 제빵 소다에 들어 있는 탄산 수소 나트륨
- 우리 몸속 산과 염기 : 위액에 들어 있는 염산, 근육에 쌓이는 젖산, 이자액에 들어 있는 염기성 물질
- 산이 있는 물질의 성질을 산성이라고 하고, 염기가 있는 물질의 성질을 염기성이라고 한다.

산의 공통적인 성질

- 강산 : 염산(HCl), 질산(HNO_3), 황산(H_2SO_4)
- 약산 : 탄산(H_2CO_3), 아세트산(CH_3COOH)
- 물에 녹아 수소 이온(H^+)을 내놓으므로 수용액 상태에서 전기 전도성이 있다.
- 대부분의 금속과 반응하여 수소(H_2) 기체를 발생시킨다.
- 탄산 칼슘($CaCO_3$)과 반응하여 이산화 탄소(CO_2) 기체를 발생시킨다.

염기의 공통적인 성질

- 강염기 : 수산화 나트륨($NaOH$), 수산화 칼륨(KOH), 수산화 칼슘($Ca(OH)_2$)
- 약염기 : 암모니아(NH_3), 수산화 마그네슘($Mg(OH)_2$)
- 물에 녹아 수산화 이온(OH^-)을 내놓으므로 수용액 상태에서 전기 전도성이 있다.
- 단백질을 녹이므로 손으로 만지면 미끈거린다.

지시약의 색 변화

	산성	중성	염기성
푸른색 리트머스 종이	붉은색	X	X
붉은색 리트머스 종이	X	X	푸른색
BTB 용액	노란색	녹색	푸른색
페놀프탈레인 용액	X	X	붉은색
메틸 오렌지 용액	붉은색	노란색	노란색

중화 반응의 이용

핵심 질문

중화 반응으로 우리는 무엇을 할 수 있을까?

1. 산과 염기의 반응

산과 염기는 각각 공통적인 성질을 가지고 있습니다. 이 산과 염기를 반응시키면 어떤 현상이 일어날지 실험을 통해 확인해 봅시다.

실험과정

(가) 묽은 염산(HCl)과 수산화 나트륨(NaOH) 수용액을 준비한 후 수용액의 온도를 각각 측정한다.

(나) 묽은 염산 10mL와 수산화 나트륨 수용액 50mL를 혼합한 후 온도계로 혼합 용액의 최고 온도를 측정한다.

(다) 다음과 같이 묽은 염산과 수산화 나트륨 수용액의 부피를 달리하여 혼합한 후 온도계로 혼합 용액의 최고 온도를 측정한다.

용액의 부피(mL)	묽은 염산	20	30	40	50
	수산화 나트륨 수용액	40	30	20	10

(라) 각 혼합 용액에 BTB 용액을 떨어뜨린 후 색 변화를 관찰한다.

실험결과

· 묽은 염산과 수산화 나트륨 수용액의 부피에 따른 혼합 용액의 최고 온도와 BTB 용액의 색

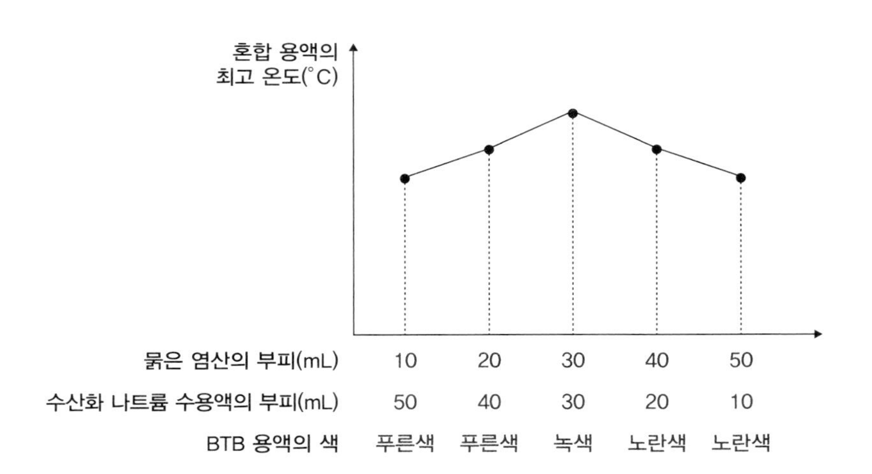

묽은 염산과 수산화 나트륨 수용액의 부피가 30mL로 같을 때 중성이 되므로 염산과 수산화 나트륨은 1:1의 부피 비로 반응하는 것을 알 수 있습니다. 혼합 전 묽은 염산의 부피가 10mL이고, 수산화 나트륨 수용액의 부피가 50mL일 때에는 묽은 염산 10mL와 수산화 나트륨 수용액 10mL가 반응합니다. 묽은 염산과 수산화 나트륨 수용액 중 부피가 작은 용액의 부피만큼 반응하는 것을 알 수 있습니다. 혼합 용액에서 반응하는 양과 용액의 액성을 정리하면 다음과 같습니다.

묽은 염산의 부피(mL)	10	20	30	40	50
수산화 나트륨 수용액의 부피(mL)	50	40	30	20	10
반응한 부피(mL)	10	20	30	20	10
혼합 용액의 액성	염기성	염기성	중성	산성	산성

반응한 부피가 클수록 혼합 용액의 온도는 높으므로 산과 염기가 많이 반응할수록 열이 많이 발생하는 것을 알 수 있습니다.

이처럼 산과 염기의 반응을 중화 반응이라고 합니다. 중화 반응을 이해하기 위해 묽은 염산과 수산화 나트륨 수용액의 반응을 모형으로 나타내면 다음과 같습니다.

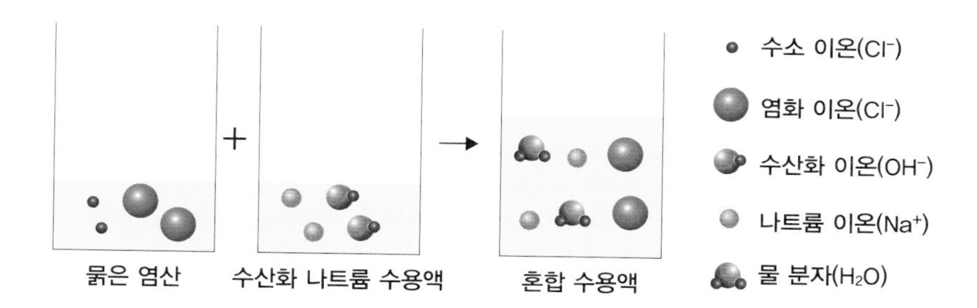

염산(HCl)과 수산화 나트륨(NaOH)을 물에 녹이면 다음과 같은 반응이 일어나서 묽은 염산에는 수소 이온(H^+)과 염화 이온(Cl^-)이 존재하고, 수산화 나트륨 수용액에는 나트륨 이온(Na^+)과 수산화 이온(OH^-)이 존재합니다.

$$\text{묽은 염산 : } HCl \rightarrow H^+ + Cl^-$$

$$\text{수산화 나트륨 수용액 : } NaOH \rightarrow Na^+ + OH^-$$

묽은 염산과 수산화 나트륨 수용액을 혼합하면 수소 이온과 수산화 이온이 반응하여 물이 생성되면서 열이 발생합니다.

$$H^+ + OH^- \rightarrow H_2O + \text{열}$$

화학 반응식에서 열
화학 반응식에는 열에너지의 출입을 나타내기 위해 열을 물질처럼 추가시켜 표현할 수도 있고, 생략하여 표현할 수도 있다.

이때 발생한 열을 중화열이라고 하고, 중화열에 의해 혼합 용액의 온도가 높아집니다. 수소 이온과 수산화 이온의 양이 많아질수록 중화열이 많이 발생하고, 수용액의 온도가 높아집니다.

묽은 염산과 수산화 나트륨 수용액의 전체 반응의 화학 반응식을 이온을 이용하여 나타내면 다음과 같습니다.

$$H^+ + Cl^- + Na^+ + OH^- \rightarrow Na^+ + Cl^- + H_2O$$

위 반응식을 이온으로 나타내지 않고 물질을 이용하여 나타내면 다음과 같습니다.

$$HCl + NaOH \rightarrow NaCl + H_2O$$

산의 수용액에는 수소 이온이 있고, 염기의 수용액에는 수산화 이온이 있으므로 산과 염기의 반응인 중화 반응에는 항상 다음과 같이 이온이 반응하여 물이 생성되고 열이 발생합니다.

$$H^+ + OH^- \rightarrow H_2O$$

중화 반응이 일어나면 이온의 양과 물이 양이 변하고, 혼합 용액의 액성이 변하는 것을 예측할 수 있습니다. 묽은 염산과 수산화 나트륨 수용액의 반응을 통해 이것을 확인해 봅시다.

그림과 같이 묽은 염산에 수산화 나트륨 수용액을 조금씩 넣어 반응을 시킵니다.

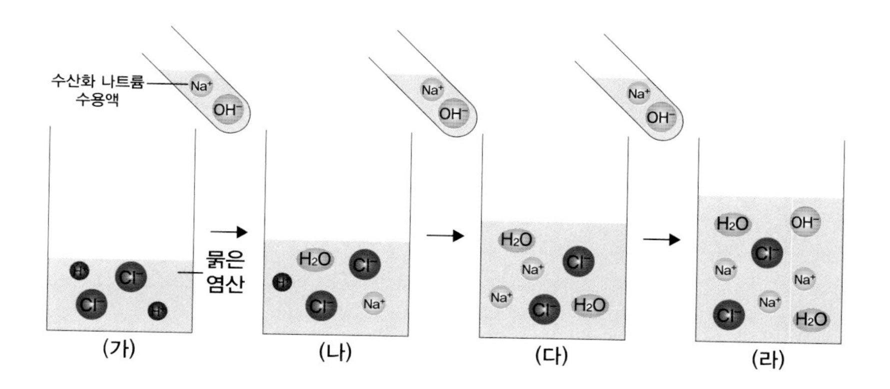

처음 비커에 들어 있는 묽은 염산 (가)에는 수소 이온(H^+)과 염화 이온(Cl^-)이 각각 2개씩 들어 있습니다. (가)에 수산화 나트륨 수용액에 들어 있는 나트륨 이온(Na^+)과 수산화 이온(OH^-)이 각각 1개씩 들어가면 수소 이온 1개와 수산화 이온 1개가 $H^+ + OH^- \rightarrow H_2O$의 반응을 하여 물($H_2O$)이 생성되고 혼합 용액 (나)에 반응하지 않는 나트륨 이온이 추가됩니다. (가)와 (나)에 수소 이온이 있으므로 (가)와 (나)는 산성입니다.

(나)에 나트륨 이온과 수산화 이온이 각각 1개씩 들어가면 수소 이온은 수산화 이온과 반응하여 물이 되고, 혼합 용액 (다)에 나트륨 이온이 추가됩니다. (다)에 수소 이온과 수산화 이온이 없으므로 (다)는 중성입니다.

(다)에 수산화 이온과 반응할 수 있는 수소 이온이 없으므로 나트륨 이온과 수산화 이온이 각각 1개씩 들어가면 혼합 용액 (라)에 나트륨 이온과 수산화 이온이 추가됩니다. (라)에 수산화 이온이 있으므로 (라)는 염기성입니다.

중화 반응이 일어나서 생성되는 물의 개수는 (가)→(나)에서 1개, (나)→(다)에서 1개입니다. (가)~(라)에서 수용액에 들어 있는 전체 이온 수, 생성된 전체 물의 수, 액성을 정리하면 다음과 같습니다.

수용액	(가)	(나)	(다)	(라)
전체 이온 수	4	4	4	6
생성된 물의 수	0	1	2	2
액성	산성	산성	중성	염기성

물이 생성되는 반응에서 중화열이 발생하므로 생성되는 물의 양이 많을수록 중화열이 많이 발생하여 수용액의 온도가 높습니다. 수용액의 온도는 (다)>(나)>(가)입니다. (라)는 온도가 높은 (다)에 실내 온도와 같은 수산화 나트륨 수용액을 넣었으므로 온도가 (다)보다 낮아집니다. (가)~(라)에서 수용액의 온도를 그래프로 나타내면 다음과 같습니다. 수용액이 중성인 (다)에서 가장 수용액의 온도가 높은 것을 확인할 수 있습니다.

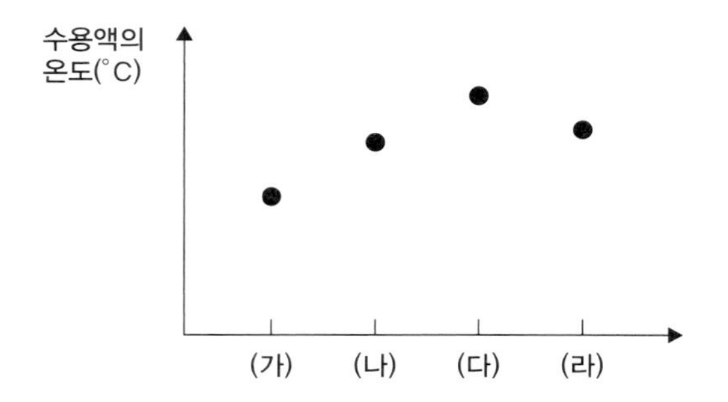

(가)~(라)에 BTB 용액을 넣으면 산성인 (가)와 (나)는 노란색을 나타내고, 중성인 (다)는 녹색을 나타내며, 염기성인 (라)는 푸른색을 나타냅니다. (가)~(라)에 푸른색 리트머스 종이를 갖다 대면 (가)와 (나)에서 붉은색으로 변하고, (다)와 (라)에서 아무 변화가 없습니다. (가)~(라)에 붉은색 리트머스 종이를 갖다 대면 (라)에서 푸른색으로 변하고, (가)~(다)에서 아무 변화가 없습니다. (가)~(라)에 페놀프탈레인 용액을 넣으면 (라)는 붉은색을 나타내며, (가)~(다)는 아무런 변화가 없습니다.

2. 생활 속의 중화 반응

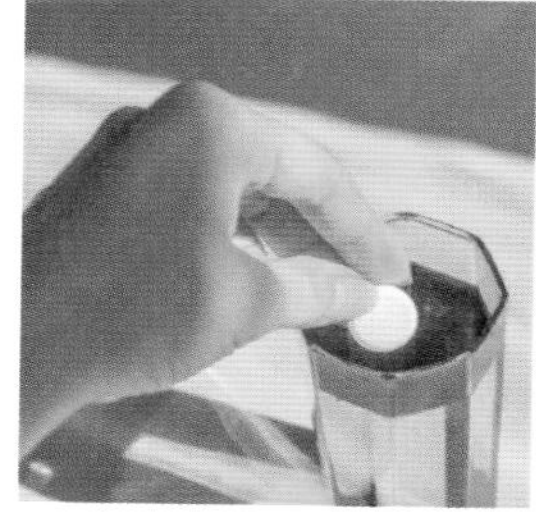

산과 염기가 만나면 중화 반응을 합니다. 산에 염기를 넣으면 산이 반응하여 산의 양이 줄어들게 되고, 염기에 산을 넣으면 염기가 반응하여 염기의 양이 줄어들게 됩니다. 실생활에서는 이것을 이용하는 경우가 많습니다.

생선에 레몬즙을 뿌리거나 식초를 뿌립니다. 생선에서 나는 비린내는 염기성 물질입니다. 여기에 산이 들어 있는 레몬즙이나 식초를 뿌리면 중화 반응으로 비린내가 없어지게 됩니다.

위액이 많이 분비되어 속이 쓰릴 때 제산제를 먹습니다. 위액에는 산이 들어 있어서 염기성 물질인 제산제를 먹게 되면 중화 반응으로 위액에 의한 속 쓰림이 줄어들게 됩니다.

입에서 음식물이 분해되면 산이 만들어지게 됩니다. 치약으로 이빨을 닦으면 치약 속 염기성 물질이 입안의 산과 중화 반응하여 산이 제거됩니다.

토양이나 호수가 산성화되면 생물체들이 잘 자라지 못하거나 개체 수가 줄어들게 됩니다. 산성화된 토양이나 호수에 염기성 물질인 석회 가루를 뿌리면 중화 반응이 일어나 산성화를 막을 수 있습니다.

연습문제 1

표는 묽은 염산(HCl)과 수산화 나트륨(NaOH) 수용액의 부피를 달리하여 혼합시켰을 때 혼합 용액의 최고 온도를 나타낸 것이다. 다음 물음에 답하시오.

혼합 용액	(가)	(나)	(다)	(라)
묽은 염산의 부피(mL)	20	30	40	50
수산화 나트륨의 부피(mL)	60	50	40	30
최고 온도(℃)	28	31	34	31

(1) (가)~(라) 중 물이 가장 많이 생성된 용액을 구하시오.

(2) (가)~(라)의 액성이 무엇이지 각각 적으시오.

정답 및 풀이

(1) 혼합 용액의 온도가 높을수록 중화 반응한 양이 많고, 생성된 물의 양이 많다. 혼합 용액의 온도는 (다)가 가장 높으므로 생성된 물의 양이 가장 많다.

(2) (다)의 온도가 가장 높으므로 (다)는 중성이다. (다)보다 혼합 전 수산화 나트륨의 부피가 큰 (가)와 (나)는 염기성이고, (다)보다 혼합 전 묽은 염산의 부피가 큰 (라)는 산성이다.

연습문제 2

표는 BTB 용액을 넣은 수산화 나트륨(NaOH) 수용액 20mL에 묽은 염산을 조금씩 넣어주었을 때, 넣어 준 묽은 염산의 부피에 따른 혼합 용액의 색을 나타낸 것이다.

넣은 묽은 염산의 부피	0	10	20	30
혼합 용액의 색	푸른색	푸른색	녹색	노란색

(1) 묽은 염산을 10mL, 20mL, 30mL씩 넣었을 때 혼합 용액의 액성을 적으시오.

(2) 혼합 용액의 온도가 가장 높을 때 넣어 준 묽은 염산의 부피는 얼마인지 구하시오.

정답 및 풀이

(1) 넣은 묽은 염산의 부피가 각각 0, 10mL, 20mL, 30mL인 수용액을 각각 (가), (나), (다), (라)라고 하면 BTB 용액은 산성에서 노란색, 중성에서 녹색, 염기성에서 푸른색을 나타내므로 (가)와 (나)는 염기성, (다)는 중성, (라)는 산성이다.

(2) 중성일 때 중화 반응이 가장 많이 일어나므로 혼합 용액의 온도가 가장 높은 것은 (다)이다.

연습문제 3

벌레에 물렸을 때 암모니아수를 바르는 이유를 설명하시오.

정답 및 풀이

벌레에 물리면 산성을 띠는 벌레의 독이 몸속으로 들어와 통증을 느낀다. 여기에 염기성인 암모니아수를 바르면 중화 반응으로 벌레의 독을 제거하여 통증을 줄일 수 있다.

정리

중화 반응으로 우리는 무엇을 할 수 있을까?

산과 염기의 반응 : 중화 반응이라고 한다.

· 산과 염기를 반응시킬 때 일어나는 반응 : $H^+ + OH^- \rightarrow H_2O$ + 중화열
· 산의 수소 이온(H^+)과 염기의 수산화 이온(OH^-)은 1:1의 개수비로 반응한다.
· 중화 반응이 많이 일어날수록 물이 많이 생성되고, 중화열이 많이 발생할수록 수용액의 온도는 높아진다.
· 중화 반응 후 수용액에 수소 이온이 있으면 산성이고, 수산화 이온이 있으면 염기성이며, 수소 이온과 수산화 이온이 모두 없으면 중성이다.

묽은 염산과 수산화 나트륨 수용액의 반응

· 묽은 염산에 들어 있는 이온 : 수소 이온(H^+), 염화 이온(Cl^-)
· 수산화 나트륨 수용액에 들어 있는 이온 : 나트륨 이온(Na^+), 수산화 이온(OH^-)
· 중화 반응이 일어나 중성이 되면 수소 이온과 수산화 이온의 모두 반응하여 없어지므로 수용액에는 나트륨 이온과 염화 이온이 존재한다.

생활 속의 중화 반응

중화 반응의 사례	산	염기
생선에 레몬즙이나 식초를 뿌린다.	레몬즙, 식초	생선 비린내
위액으로 속이 쓰릴 때 제산제를 먹는다.	위산	제산제
음식물을 먹은 후 치약으로 이를 닦는다.	분해된 음식	치약
산성화된 토양이나 호수에 석회 가루를 뿌린다.	산성화된 토양, 호수	석회 가루
벌레에 물렸을 때 암모니아수를 바른다.	벌레의 독	암모니아수

생명과학

생명체의 구성 물질의 형성

핵심 질문

생명체 구성 물질에는 어떤 것이 있을까?

블록 조각을 이용한 놀이

어릴 적 블록 놀이를 했던 기억이 있나요? 다양한 모양과 크기의 블록 조각을 조립하여 집, 동물, 자동차 등을 만들어서 역할 놀이를 하면서 놀았던 기억이 있을 겁니다.

여러분들이 만들었던 집, 동물, 자동차 등은 무엇으로 구성되어 있을까요? 그렇습니다. 다양한 크기와 모양의 블록들로 구성되어 있습니다.

그렇다면 '사람은 무엇으로 구성되어 있을까?'라고 막연하게 생각해 본 적은 없으셨나요? '머리, 팔, 다리 등으로 구성되어 있지'라고 답할 수도 있습니다. 그러나 고등학교에서는 생명체를 구성하는 물질에 대해 좀 더 구체적으로 학습하게 됩니다.

생명체를 구성하는 원소는 너무나 많고 다양합니다. 그중에서 중요한 원소를 선택해 본다면 탄소(C), 수소(H), 산소(O), 질소(N), 인(P), 황(S)이 있습니다. 이 여섯 가지 원소가 다양한 조합으로 연결되어 모양과 형태를 갖추면 생명체를 구성하는 단위체가 됩니다. 이 단위체를 블록 조각으로, 생명체를 구성하는 물질은 블록 조각을 이용하여 만든 집, 동물, 자동차 등으로 이해하시면 됩니다.

단위체
고분자 물질을 만들 때 기본 단위가 되는 물질이다.

책이나 언론 매체를 통해서 우리 몸의 대부분은 물(H_2O)로 구성되어 있고 물을 섭취하는 것이 중요하다는 이야기를 들어 본 적 있을 겁니다. 물(H_2O)의 화학식을 보면 어떤 원소로 구성되어 있다는 것을 알 수 있나요? 수소(H)와 산소(O)로 구성되어 있다는 것을 알 수 있습니다.

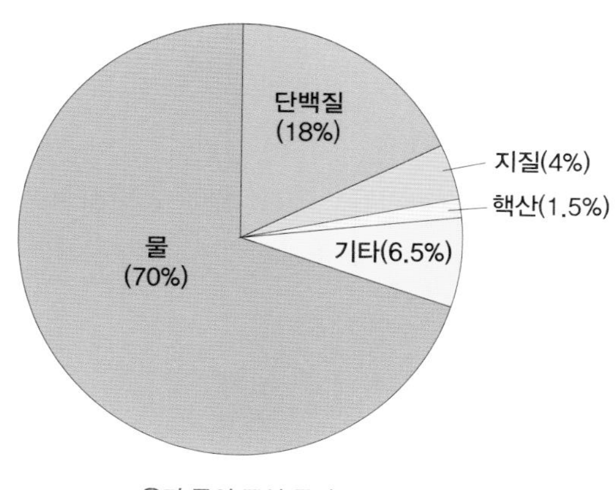

우리 몸의 구성 물질

위 그림은 우리 몸의 구성 물질을 나타낸 것입니다. 이 그림을 통해 우리 몸을 구성하는 물질은 물 이외에 단백질, 지질, 핵산 등이 우리 몸을 구성하고 있다는 사실을 알 수 있습니다.

단백질은 우리 몸에서 일어나는 물질대사를 조절하는 효소의 주성분이고, 우리 몸을 움직이는 근육, 면역 반응에 관여하는 항체의 주성분입니다. 지질은 에너지 저장 물질로 사용되거나 에너지원으로 사용되고, 지질 중 인지질은 단백질과 함께 세포막의 구성 성분이 되기도 합니다. 핵산은 핵에 있는 산성 물질이라는 뜻이 있습니다. 핵에 있는 산성 물질로서 유전 정보를 저장하거나 단백질 합성 과정에 관여합니다. 끝으로 위 그림에서 기타에 있는 물질 중 탄수화물이라는 물질이 있습니다. 탄수화물은 우리의 주요 에너지원이기 때문에 많이 섭취하지만, 우리 몸의 구성 성분은 상대적으로 적습니다. 탄수화물은 포도당, 설탕, 녹말, 글리코젠 등의 다양한 형태로 생명체에 존재합니다.

이러한 물질들의 종류와 특성을 암기하기보다는 생명체가 다양한 물질로 구성되어 있다는 것을 이해하는 것이 고등학교 교육 과정이 목표이기 때문에 이들 물질의 이름, 특성 등을 암기하기 위해 애쓰지 않으셔도 됩니다.

과학자들은 지구에서 탄생한 최초의 생명체가 약 40억 년 전쯤 나타났을 것으로 추측합니다. 이 최초의 생명체가 최소한의 생명 현상을 나타내기 위해 가지고 있어야 할 물질로는 단백질과 핵산이 있습니다. 단백질은 물질대사를 일으키는 효소의 주성분이고, 핵산은 자기 복제에 필요한 유전 정보를 저장하기 때문입니다. 따라서 이번 단원에서는 단백질과 핵산의 형성 과정에 대해 학습하게 됩니다.

단백질의 단위체는 아미노산이라고 합니다. 생명체에 있는 아미노산의 종류에는 약 20종류가 있고, 아미노산의 구조는 그림과 같습니다.

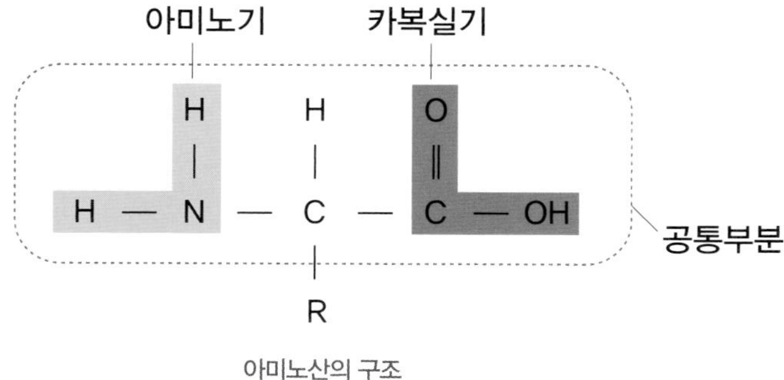

아미노산의 구조

효소, 항체, 근육의 주성분인 단백질 한 분자에는 많은 아미노산이 결합되어 있고, 아미노산에는 이름에서 알 수 있듯이 아미노기와 카복실기가 있습니다. 아미노기와 카복실기는 화학 반응이 일어나는 원자 그룹이라고 이해하시면 됩니다. 한 아미노산의 카복실기는 다른 아미노산의 아미노기와 물(H_2O)이 빠져나가면서 결합할 수 있습니다. 이 결합을 펩타이드 결합이라고 합니다. 많은 아미노산이 펩타이드 결합으로 연결되어 폴리펩타이드가 만들어집니다. 폴리펩타이드에서 폴리(poly)는 '많은'이라는 뜻을 갖고, 펩타이드(peptide)는 '여러 아미노산이 인공적 혹은 자연적으로 연결된 복합체'를 의미합니다. 즉, 폴리펩타이드(polypeptide)는 '많은 아미노산이 연결된 복합체'라는 뜻이 있습니다. 이 폴리펩타이드가 아미노산의 배열 순서에 따라 구부러지거나 접히면서 입체 구조를 갖게 되고, 폴리펩타이드는 단백질이 됩니다. 단백질이 갖는 고유의 특성은 이 입체 구조로 결정됩니다. 만약 돌연변이에 의해 아미노산의 배열 순서가 바뀌면 입체 구조가 바뀌게 되고, 단백질의 특성이 바뀔 수도 있습니다.

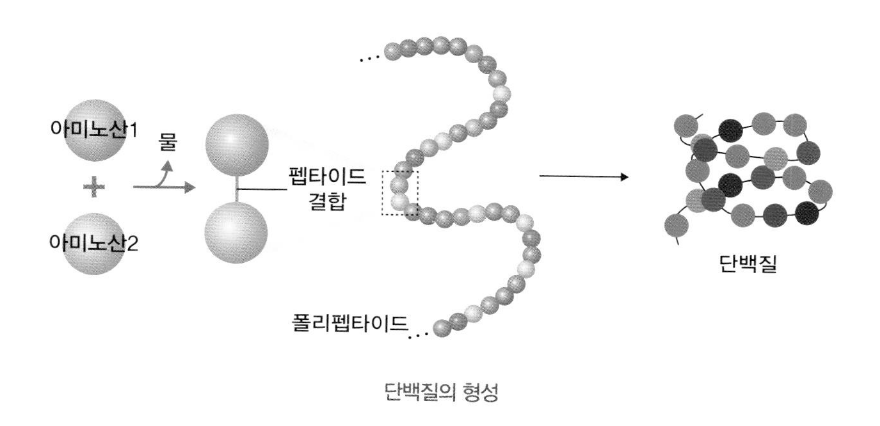

단백질의 형성

세포에서 유전 정보를 저장하고 단백질 합성에 관여하는 핵산에는 DNA와 RNA가 있습니다. 핵산의 단위체는 뉴클레오타이드라고 합니다. 뉴클레오타이드는 인산, 당, 염기가 1:1:1로 결합되어 있습니다.

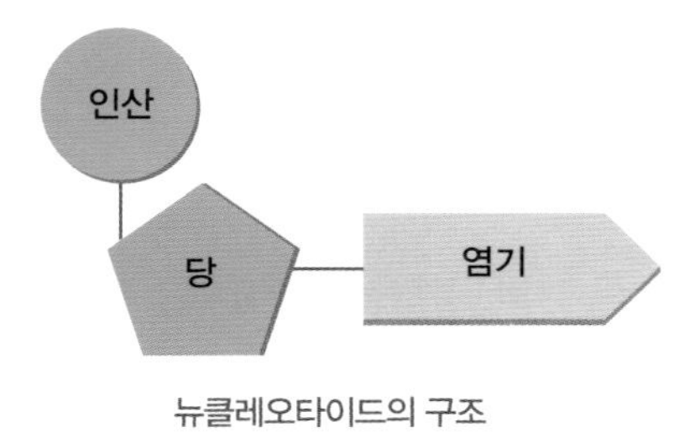

뉴클레오타이드의 구조

한 뉴클레오타이드의 인산은 다른 뉴클레오타이드의 당과 결합하고, 이 결합이 반복되면 폴리뉴클레오타이드가 만들어집니다.

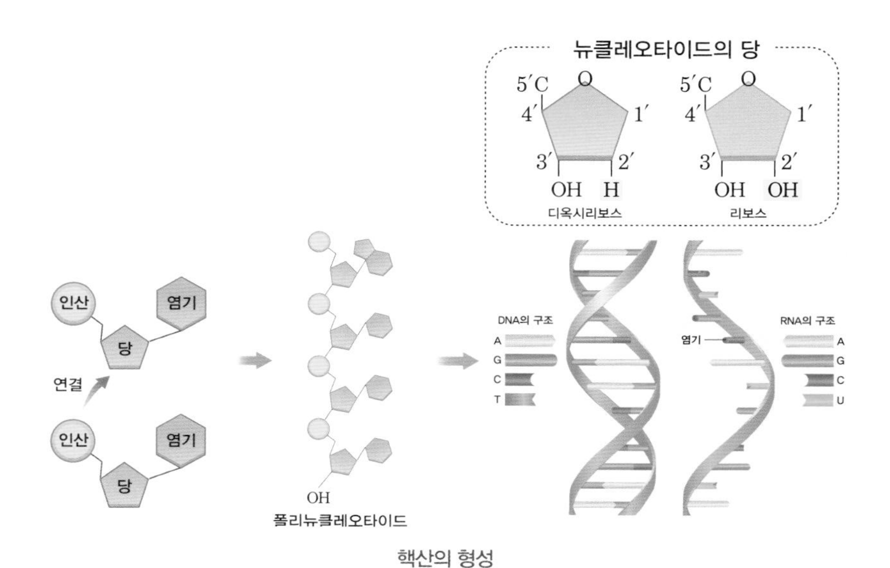

핵산의 형성

폴리뉴클레오타이드에는 DNA와 RNA가 있습니다. DNA는 두 가닥의 폴리뉴클레오타이드가 결합한 이중 나선 구조이고, RNA는 하나의 폴리뉴클레오타이드로 구성된 단일 가닥 구조입니다. DNA를 구성하는 당은 디옥시리보스이고, RNA를 구성하는 당은 리보스인데, 디옥시리보스에서 디옥시(deoxy)라는 단어에는 '산소(O)가 없는'이라는 뜻이 있습니다. 그래서 디옥시리보스는 리보스보다 산소(O)가 1개 더 적습니다. 우리가 컴퓨터 키보드에서 delete 키를 누르면 글자가 삭제되지요? 산소(O)가 되어있는 당이 디옥시리보스라고 생각하시면 됩니다. 그리고 앞에서 핵산의 종류에는 DNA와 RNA가 있다고 했지요? DNA는 DeoxyriboNucleic Acid의 약자이고, RNA는 RiboNucleic Acid의 약자입니다. 따라서 DNA는 Deoxyribose 당을 갖는 핵산(Nucleic Acid)이라는 뜻이고, RNA는 Ribose 당을 갖는 핵산(Nucleic Acid)이라는 뜻이 있다는 것을 알 수 있습니다. 이해가 되지요? DNA와 RNA로 암기하는 것보다 DNA와 RNA의 전체 이름을 알고 이해하면 생명 현상을 더 잘 이해할 수 있고, 잊어버리지 않습니다. 이 밖에 DNA와 RNA의 차이점으로 각 뉴클레오타이드를 구성하는 염기가 있습니다. DNA를 구성하는 염기에는 아데닌(A), 구아닌(G), 사이토신(C), 타이민(T)이 있고, RNA를 구성하는 염기에는 아데닌(A), 구아닌(G), 사이토신(C), 유라실(U)이 있습니다. 이때 아데닌(A)은 타이민(T) 또는 유라실(U)과 2개의 수소 결합으로 결합하고, 구아닌(G)은 사이토신(C)과 3개의 수소 결합으로 결합합니다. 이중 나선 구조인 DNA에서 아데닌(A)은 항상 타이민(T)과 구아닌(G)은 항상 사이토신(C)과 결합하기 때문에 아데닌(A)과 타이민(T)의 수는 같고, 구아닌(G)과 사이토신(C)의 수가 같습니다. DNA와 RNA를 구성하는 뉴클레오타이드의 종류는 같을까요? 정답은 서로 다릅니다. 왜냐하면, DNA를 구성하는 뉴클레오타이드의 당은 디옥시리보스이고, RNA를 구성하는 뉴클레오타이드의 당은 리보스이기 때문에 염기가 아데닌(A), 구아닌(G), 사이토신(C)으로 같더라도 뉴클레오타이드는 서로 다릅니다.

DNA를 구성하는 뉴클레오타이드 4종류와 RNA를 구성하는 뉴클레오타이드 4종류가 다양한 순서로 결합하여 다양한 염기 서열을 갖는 DNA와 RNA가 만들어지고, 서로 다른 유전 정보가 저장될 수 있습니다.

이처럼 단백질과 핵산은 각각 아미노산과 뉴클레오타이드라는 단위체의 조합으로 형성되며, 각 단위체의 결합 순서에 따라 서로 다른 특성을 갖게 됩니다. 우리가 비교적 적은 수의 단위체로 복잡한 생명 현상을 나타낼 수 있는 이유가 바로 이것입니다.

연습문제 1

100개의 염기로 구성된 DNA X에서 아데닌(A)의 수는 20이다. 다음 물음에 답하시오.

(1) X에서 타이민(T), 구아닌(G), 사이토신(C)의 수를 각각 구하시오.

(2) X에서 염기 간 수소 결합의 수를 구하시오.

정답 및 풀이

(1) DNA에서 아데닌(A)은 항상 타이민(T)과 구아닌(G)은 항상 사이토신(C)과 결합합니다. 100개의 염기로 구성된 DNA X에서 아데닌(A)의 수가 20이므로 아데닌(A)과 결합하는 타이민(T)의 수도 20입니다. 따라서 X에서 구아닌(G)과 사이토신(C)의 수의 합은 100−40=60입니다. X에서 구아닌(G)과 사이토신(C)의 수는 같으므로 구아닌(G)과 사이토신(C)의 수는 각각 $\frac{60}{2}=30$입니다. 즉, X에서 아데닌(A)과 타이민(T)의 수는 각각 20, 구아닌(G)과 사이토신(C)의 수는 각각 30입니다.

(2) 아데닌(A)은 타이민(T)과 2개의 수소 결합으로 결합하고, 구아닌(G)은 사이토신(C)과 3개의 수소 결합으로 결합합니다. X에서 아데닌(A)·타이민(T) 염기쌍의 수는 20, 구아닌(G)·사이토신(C) 염기쌍의 수는 30이므로 수소 결합의 수는 (20×2)+(30×3)=40+90=130입니다.

생명체 구성 물질에는 어떤 것이 있을까?

생명체 구성 물질

· 생명체 대부분은 물로 구성되고, 단백질, 지질, 무기염류, 탄수화물 등으로 구성된다.
· 생명체 구성 물질과 특징

구성물질	특징
물	· 체온 유지, 물질 운반에 관여한다.
단백질	· 에너지원이다. · 효소, 항체, 호르몬의 주성분이고, 세포막의 구성 성분이다.
지질	· 중성 지방 : 에너지 저장 물질이다. · 인지질 : 단백질과 함께 세포막의 구성 성분이다. · 스테로이드 : 스테로이드의 종류에는 성호르몬이 있다.
무기염류	· 몸의 구성 성분이고, 생리 기능 조절에 관여한다.
탄수화물	· 주 에너지원으로 사용되기 때문에 몸의 구성 성분 비율이 낮다.
핵산	· DNA : 유전 정보를 저장한다. · RNA : 유전 정보를 저장, 전달하는 역할을 한다.

단백질

· 단위체 : 아미노산
· 생명체를 구성하는 아미노산의 종류는 20종류이다.
· 단백질의 형성
  – 펩타이드 결합 : 2개의 아미노산 사이에서 물 한 분자가 빠져나오면서 일어나는 결합이다.
  – 여러 개의 아미노산이 펩타이드 결합으로 연결되어 긴 사슬 모양을 이루고, 입체 구조를 형성하면 단백질이 된다.

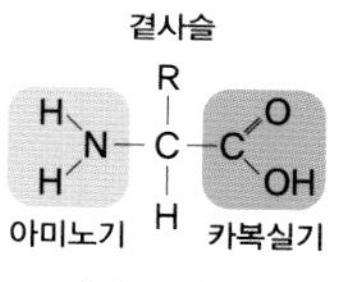

아미노산의 구조

핵산

· 단위체 : 인산, 당, 염기가 1:1:1로 결합되어 있는 뉴클레오타이드이다.

DNA 뉴클레오타이드	RNA 뉴클레오타이드
인산 당 염기 디옥시리보스 A 아데닌 G 구아닌 C 사이토신 T 타이민	인산 당 염기 리보스 A 아데닌 G 구아닌 C 사이토신 T 타이민

· 핵산의 형성 : 한 뉴클레오타이드의 당(디옥시리보스 또는 리보스)과 다른 뉴클레오타이드의 인산이 결합하면서 폴리뉴클레오타드가 형성된다.
· 핵산의 종류 : DNA와 RNA가 있으며, DNA는 이중 나선 구조를 갖는다.

생명 시스템의 기본 단위

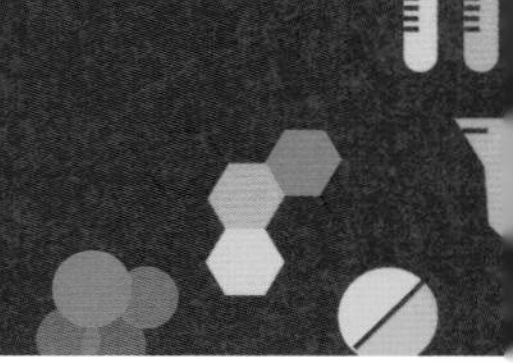

핵심 질문

세포는 어떤 특징을 가질까?

지구 시스템은 지권, 수권, 기권, 생물권이 상호 작용하여 유지되고 있다. 이 지구 시스템의 생물권을 구성하는 생물은 독특한 생명 시스템을 갖추고 지권, 수권, 기권이 포함된 외부 환경과 상호 작용하고 있다.

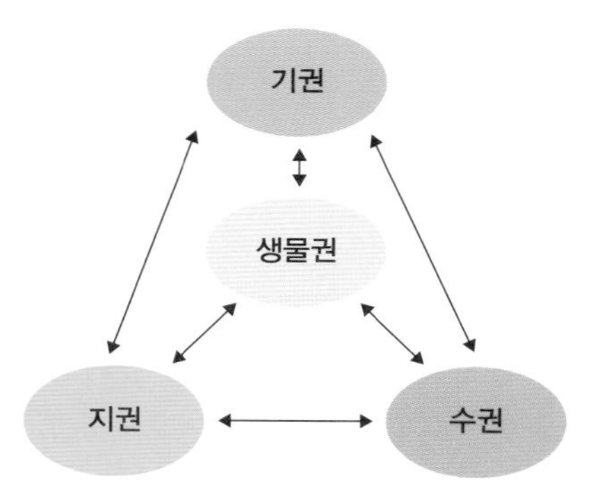

지구 시스템의 상호 작용

생물을 구성하는 여러 요소는 서로 복잡하고 체계적으로 작용하는 생명 시스템을 갖는다. 생명 시스템을 구성하는 구조적·기능적 단위는 무엇일까? 또한, 이 생명 시스템을 유지하는 데 필요한 물질이나 구조의 특징은 무엇인지 알아보자.

생물권을 구성하는 생물은 그 자체가 하나의 생명 시스템으로서 물질대사, 자극과 반응, 생식과 발생, 적응과 진화, 항상성 유지 등의 생명 활동을 유지하기 위한 체계를 갖추고 있습니다. 앞 단원에서 생물을 구성하는 물질에는 단백질, 핵산, 지질, 탄수화물 등이 있다고 학습했는데요. 이것과 비슷하지만 조금 다른 질문을 한번 해보겠습니다. 생명 시스템을 구성하는 구조적·기능적 단위는 무엇일까요? 바로 세포입니다. 세포 하나가 생명 시스템을 갖는 생명체가 되기도 하고, 여러 세포가 모여 하나의 생명 시스템을 구성하기도 합니다. 아메바, 짚신벌레 같은 생물은 세포 하나가 곧 생명 시스템을 갖는 개체이므로 단세포 생물이라고 합니다. 반면에 사람, 기린 등은 수많은 세포로 구성되어 생명 시스템을 갖는 개체로 되기 때문에 다세포 생물이라고 합니다. 세포는 그 자체로 생명 시스템을 갖고, 다세포 생물의 구성 단위로서 생명 시스템의 일부이기도 합니다.

세포의 구조와 기능이 비슷한 여러 세포가 모여 조직을 구성하고, 여러 조직이 모여 기관을 구성합니다. 또 여러 기관이 모여 하나의 생명 시스템인 개체가 됩니다.

생명체 구성 단계

세포가 하나의 생명 시스템으로 유지되기 위해서는 세포 안에서 생명체를 유지할 수 있는 기관과 구조들이 있어야 합니다. 세포 소기관에는 어떤 것이 있을까요? 중학교 때 학습했던 핵, 엽록체, 미토콘드리아 등이 세포 소기관입니다. 이들 세포 소기관은 유기적으로 작용하여 생명 활동을 수행할 수 있습니다.

동물 세포에 있는 세포 소기관의 특징에 대해 알아보도록 하겠습니다. 핵에는 유전 물질인 DNA가 있어 세포의 구조와 기능을 결정하며, 생명 활동을 조절하는 중추 역할을 합니다. 리보솜은 핵산에 저장된 정보에 따라 단백질을 합성합니다. '리보솜'과 '단백질'의 두 번째 글자의 자음은 무엇으로 시작하나요? 모두 'ㅂ'으로 시작합니다. 두 번째 글자의 자음이 모두 'ㅂ'으로 시작하는 리보솜과 단백질을 연관 지어 정리하면 오래 기억할 수 있겠지요? 소포체는 리보솜에서 합성한 단백질을 골지체나 세포의 다른 곳으로 운반하고, 골지체는 단백질을 세포 밖으로 분비하는 역할을 합니다. 미토콘드리아는 세포 호흡을 통해 생명 활동에 필요한 형태의 에너지를 생산합니다. 식물 세포에는 핵, 리보솜, 소포체, 골지체, 미토콘드리아 외에 엽록체와 액포가 더 있습니다. 엽록체는 빛에너지를 흡수하여 광합성을 통해 포도당을 합성하고, 액포에는 물, 색소, 노폐물 등이 저장되어 있습니다.

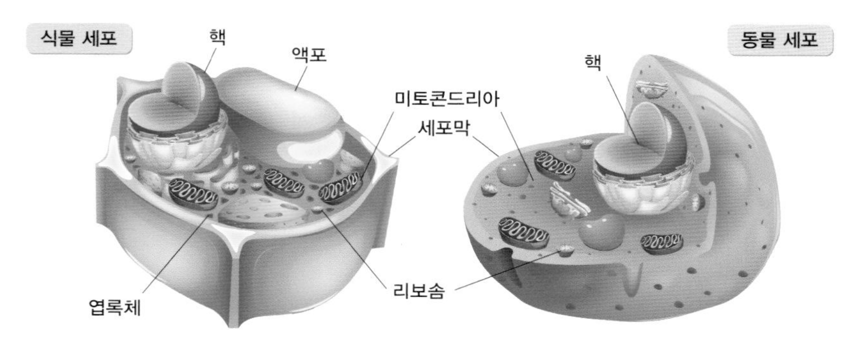

동물세포와 식물세포의 구조

동물 세포와 식물 세포에 공통으로 존재하는 구조에는 인지질과 단백질로 구성된 세포막이 있습니다. 세포막은 세포를 둘러싸서 세포 안을 주변 환경과 분리하고, 세포 안팎으로 물질이 출입하는 것을 조절합니다. 식물 세포에는 세포벽이라는 구조가 있는데, 세포벽은 식물 세포의 세포막 바깥쪽에서 세포를 보호하고 형태를 유지하는 역할을 합니다.

동물 세포와 식물 세포에는 모두 세포 전체를 둘러싸는 얇은 막인 세포막이 있고, 세포막은 물질의 출입을 조절합니다. 세포막을 통한 물질의 이동은 아무렇게나 일어나는 것이 아니고 어떤 물질은 잘 통과시키고, 어떤 물질은 잘 통과시키지 않습니다. 세포막의 이러한 특성을 선택적 투과성이라고 합니다.

세포막의 선택적 투과성은 세포막의 구조를 통해 알 수 있습니다. 세포막은 인지질과 단백질로 구성되어 있으며, 인지질의 꼬리 부분이 서로 마주 보며 2중층으로 배열되어 있습니다. 인지질의 머리 부분은 물을 좋아하는 친수성 부분이고, 인지질의 꼬리 부분을 물을 싫어하는 소수성 부분으로 되어있기 때문에 세포막을 구성하는 인지질은 소수성 부분끼리 마주 보게 됩니다. 또한, 인지질 2중층은 고정된 것이 아니라 유동적으로 움직입니다.

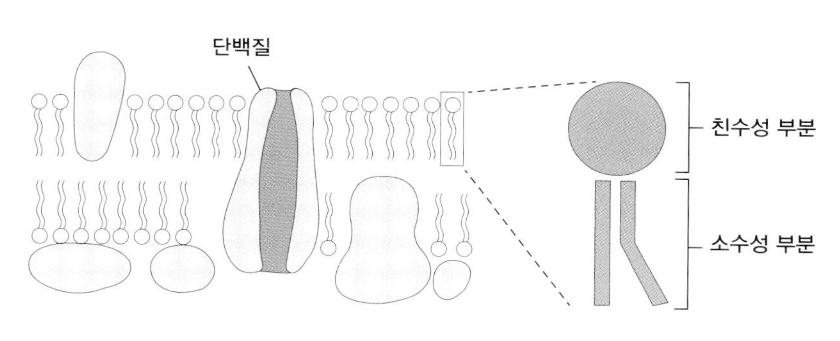

세포막의 구조

친수성(親水性)
물과 친화성이 있는 성질

소수성(疏水性)
물과 친화력이 적은 성질

이 인지질 2중층에는 단백질이 박혀있습니다. 이 단백질의 역할은 매우 다양합니다. 인지질 2중층에 박혀있는 단백질의 종류에 따라 물질대사 촉매, 외부의 물질과 결합하는 수용체, 물질 이동 통로 등의 다양한 역할을 수행합니다. 인지질의 유동적인 움직임과 물질 이동 통로 역할을 하는 단백질의 존재 때문에 세포막은 선택적 투과성을 가질 수 있습니다.

잉크를 깨끗한 물에 떨어뜨리면 물의 색은 어떻게 될까요? 잉크를 물에 떨어뜨리면 잉크 입자가 물에서 확산하면서 물 전체가 잉크색을 띠게 됩니다. 이처럼 물질을 이루는 분자가 무작위로 움직여 농도가 높은 쪽에서 낮은 쪽으로 이동하는 현상을 확산이라고 합니다. 확산의 예로는 여러분들의 교실에서도 관찰할 수 있습니다. 옆 반에서 단체로 피자를 배달시켜 먹으면 금세 우리 반으로 피자 냄새가 들어옵니다. 급식실에서 만든 맛있는 튀김 냄새가 교실에 퍼져 수업 시간에 집중이 안 되었던 경험도 있을 것입니다. 이 모든 현상은 음식에서 발생한 냄새 입자가 공기 중에서 확산되어 나타난 현상들입니다.

기체 분자와 같이 크기가 매우 작은 물질은 세포막을 경계로 농도가 높은 쪽에서 낮은 쪽으로 인지질 2중층을 직접 통과해 확산할 수 있습니다. 폐포와 모세 혈관에서 산소(O_2)와 이산화 탄소(CO_2)의 농도를 비교해 보면 폐포는 모세 혈관보다 산소(O_2) 농도가 높고, 이산화 탄소(CO_2) 농도는 낮습니다. 따라서 폐포에서 모세 혈관으로 산소(O_2)가 확산되어 이동하고, 모세 혈관에서 폐포로 이산화 탄소(CO_2)가 확산되어 이동합니다.

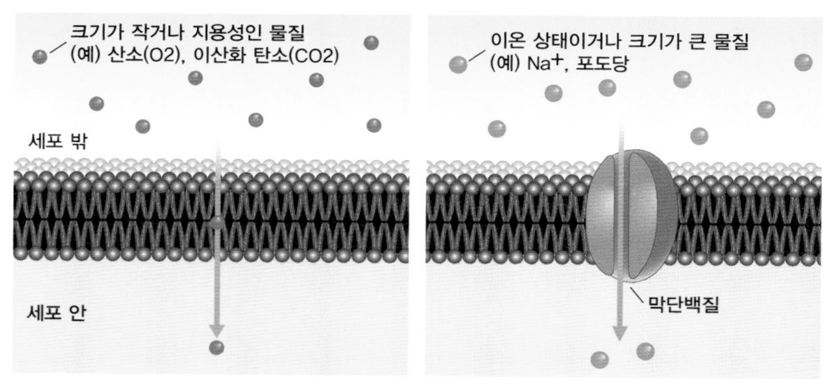

세포막을 통한 물질의 확산

이온과 같이 전하를 띠거나 포도당, 아미노산과 같이 상대적으로 크기가 큰 물질은 인지질 2중층을 직접 통과하기 어렵습니다. 인지질 2중층 안은 소수성 환경이기 때문에 이온과 같이 전하를 띠어서 친수성을 갖는 물질은 소수성인 인지질 2중층을 통과할 수 없고, 크기가 큰 물질은 인지질 2중층을 직접 통과하기에는 크기가 너무 큽니다. 따라서 이러한 물질은 세포막을 관통하고 있는 단백질을 통해 확산합니다. 물질의 종류에 따라 통로 역할을 하는 단백질의 종류가 다르기 때문에 특정 단백질 통로는 특정 단백질만 선택적으로 통과시킬 수 있습니다. 또한, 단백질 통로의 수가 많을수록 물질이 빠르게 이동할 수 있습니다.

물은 세포막을 경계로 세포막에 있는 단백질을 통해 이동할 수도 있고, 세포막을 직접 통과하여 이동할 수도 있습니다. 물은 세포막을 경계로 농도가 낮은 쪽에서 농도가 높은 쪽으로 이동할 수 있는데, 이와 같은 현상을 삼투라고 합니다. 농도가 낮은 쪽은 용매인 물이 많고, 농도가 높은 쪽은 용매인 물이 적은 곳입니다. 따라서 물의 입장에서는 물이 많은 곳(농도가 낮은 쪽)에서 물이 적은 곳(농도가 높은 곳)으로 확산하는 것이 삼투입니다. 식물의 뿌리털에서 물이 흡수될 때, 콩팥에서 물이 흡수될 때 물의 이동은 모두 삼투에 의해 일어나는 것입니다.

삼투가 일어나면 세포의 모양이 바뀌기도 합니다. 동물 세포인 적혈구를 적혈구 보다 용질의 농도가 낮은 용액에 넣으면 물이 적혈구 안으로 많이 들어오게 되고 적혈구가 부풀어 오르다가 터지기도 합니다. 반대로 적혈구를 적혈구보다 용질의 농도가 높은 용액에 넣으면 물이 빠져나가면서 적혈구가 쭈그러들게 됩니다.

정상 적혈구

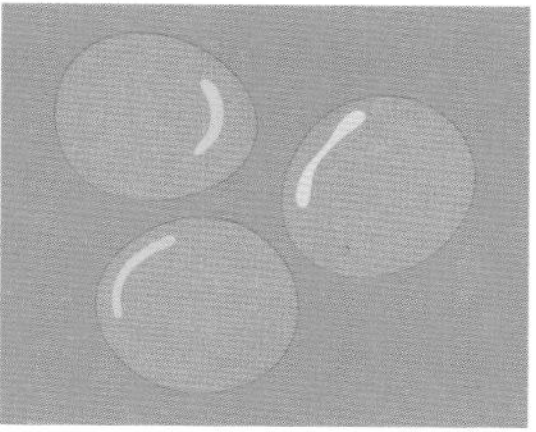
적혈구를 저장액에 넣었을 때

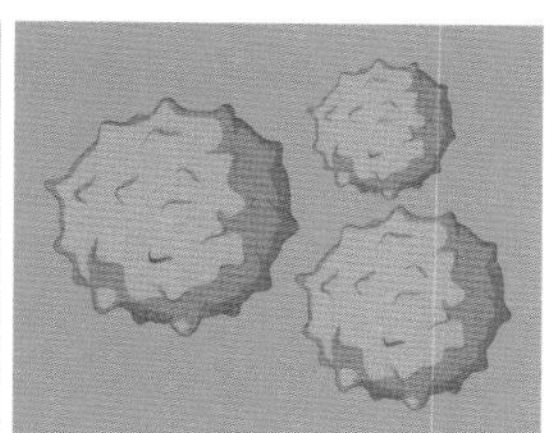
적혈구를 고장액에 넣었을 때

생명 시스템의 구조적·기능적 단위인 세포는 생명 활동을 수행하기 위해 외부로부터 영양분을 공급받고, 노폐물을 밖으로 끊임없이 내보내야 합니다. 세포는 필요한 물질을 선택적으로 받고, 필요 없는 물질만을 선택으로 내보면서 생명 활동을 원활하게 수행할 수 있습니다.

연습문제 1

그림은 식물 세포의 구조를, 자료는 세포 소기관 A~E의 특징을 나타낸 것이다. A~E는 각각 어떤 세포 소기관인지 쓰시오.

· A에는 유전 정보가 저장되어 있다.
· B는 물질 분비에 관여한다.
· C에는 물, 색소, 노폐물이 있다.
· D에서 광합성이 일어난다.
· E에서 단백질 합성이 일어난다.

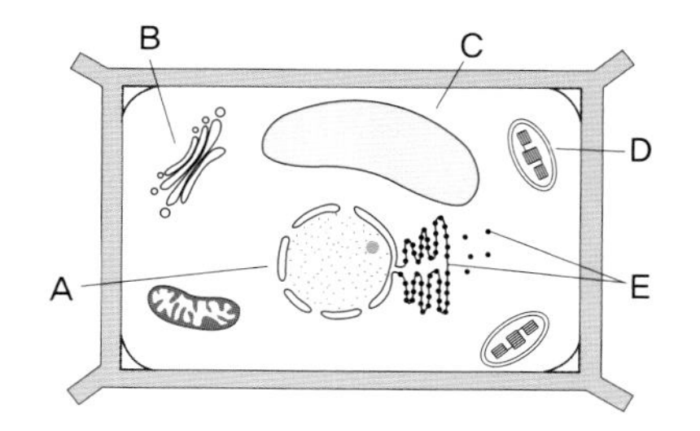

정답 및 풀이

A는 DNA가 있는 핵이고, B는 물질 분비에 관여하는 골지체이다. C는 물, 색소, 노폐물 등이 있는 액포이고, D는 빛에너지를 흡수하여 물(H_2O)과 이산화 탄소(CO_2)를 이용하여 포도당을 합성하는 엽록체이다. E는 단백질 합성이 일어나는 리보솜이다.

정리

세포는 어떤 특징을 가질까?

생명체의 구성 단계

세포	생명 시스템을 구성하는 구조적·기능적 기본 단위이다. (예) 근육 세포
↓	
조직	모양과 기능이 비슷한 세포들의 집단이다. (예) 근육 조직
↓	
기관	여러 조직이 모여 고유한 기능을 나타내는 세포 집단이다. (예) 심장
↓	
개체	하나의 독립된 생명체이다. (예) 사람

세포의 구조와 기능

· 세포벽과 엽록체는 식물 세포에만 있다

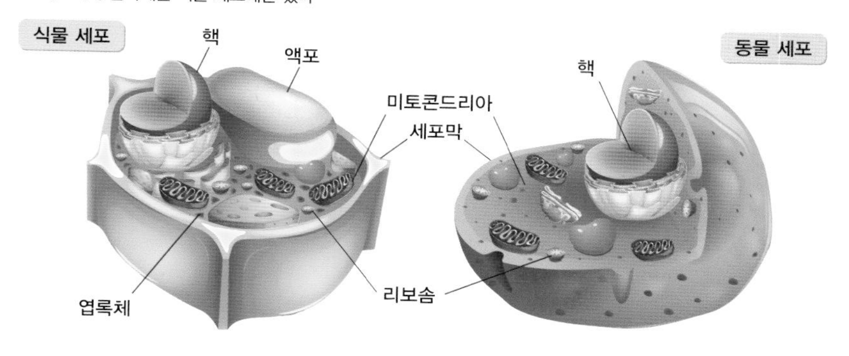

세포막의 구조와 특징

· 인지질은 친수성 부분과 소수성 부분을 모두 갖고 있으므로 세포에서 인지질 2중층 구조를 형성하고, 단백질이 파묻혀 있거나, 관통하고 있다.

· 세포막을 통한 물질의 이동

– 확산 : 물질이 농도가 높은 쪽에서 낮은 쪽으로 퍼져 나가는 현상이다.

– 삼투 : 세포막과 같은 반투과성막을 경계로 물질이 농도가 낮은 쪽에서 높은 쪽으로 이동하는 현상이다. (예) 콩팥에서 물이 재흡수 될 때

구성물질	인지질 2중층을 통한 확산	막단백질을 통한 확산
확산 방식	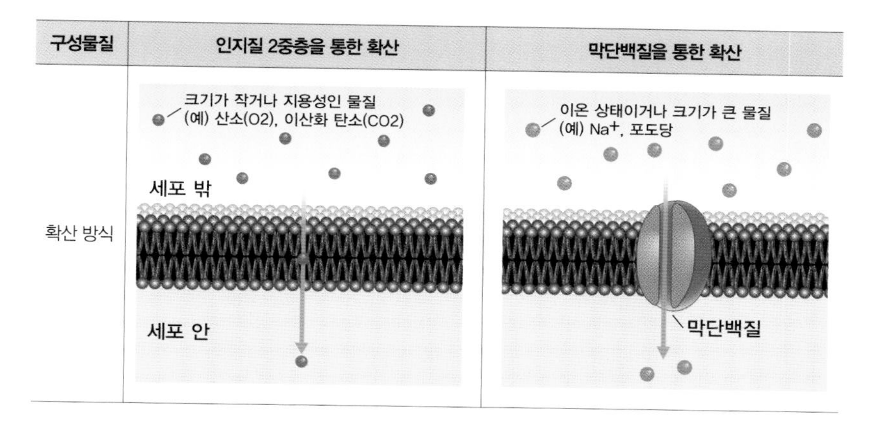	

생명 시스템에서 화학 반응

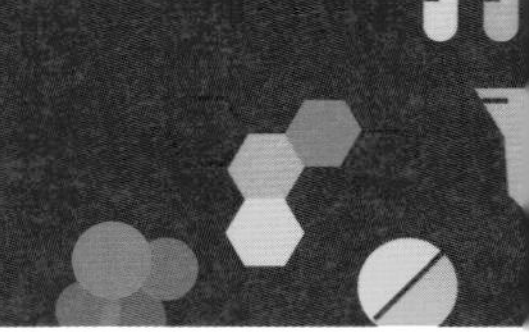

핵심 질문

생명 시스템에서의 화학 반응은 어떻게 조절될까?

화학 반응
어떤 물질이 다른 물질과 작용하여 화학적 성질이 다른 물질로 변하는 현상

생명 시스템이 유지되려면 끊임없이 에너지가 공급되고 생명체 구성 물질이 합성되어야 합니다. 이 과정에서 물질이 합성되거나 분해되는 화학 반응이 일어나는데, 생명체에서 일어나는 화학 반응을 물질대사라고 합니다.

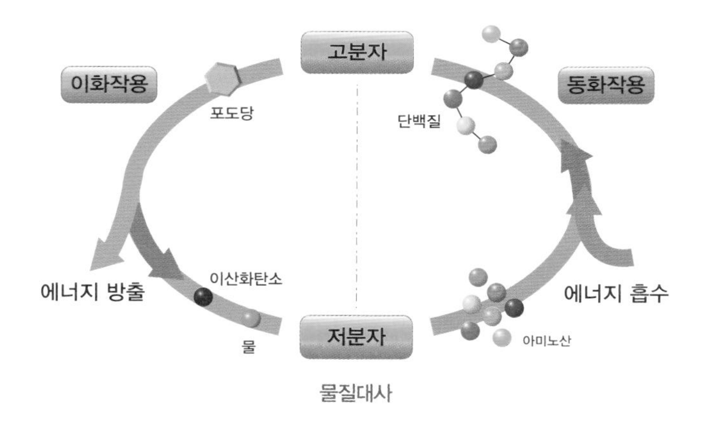

물질대사

우리가 음식물을 먹고 소화할 때 음식물의 영양분이 분해되는 반응이 일어납니다. 그 후 분해된 영양분을 우리 몸에 필요한 다른 물질로 합성하는 반응이 일어나게 되는데 이러한 반응 모두 물질대사의 예에 해당합니다. 물질대사가 일어나지 않으면 우리는 음식물을 소화할 수 없고, 우리 몸을 구성하는 물질을 합성할 수도 없으므로 생명 시스템을 유지할 수 없습니다.

접시 위에 놓인 음식물은 쉽게 분해되지 않지만, 우리 몸에 들어온 음식물은 상대적으로 쉽게 분해됩니다. 왜 같은 음식물인데 우리 몸에 들어오

면 더 빨리 분해될까요? 그 이유는 우리 몸에는 음식물을 분해하는 물질인 생체 촉매, 즉 효소가 있기 때문입니다.

일반적으로 물질을 합성하거나 분해하는 화학 반응이 일어나기 위해서는 에너지가 충분히 공급되어야 합니다. 이때 화학 반응을 일으키는 데 필요한 최소한의 에너지를 활성화 에너지라고 합니다. 효소는 활성화 에너지를 낮추어 체온 정도의 온도에서도 화학 반응이 빠르게 일어나도록 합니다. 활성화 에너지 감소는 효소의 유무에 의해 영향을 받을 뿐 효소가 많다고 해서 활성화 에너지가 더 낮아지지는 않습니다. 다음 그림은 화학 반응에서 반응물을 언덕 위로 올린 후 아래로 굴려서 생성물이 생성되는 과정을 비유적으로 나타낸 것입니다.

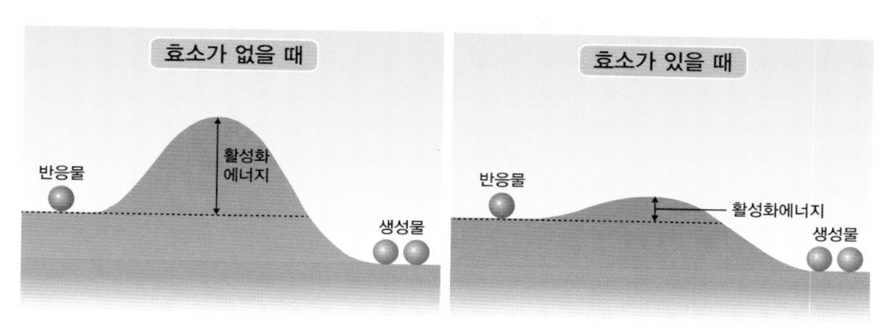

효소의 유무에 따른 활성화 에너지 변화

그림에서 반응물이 생성물이 되려면 언덕을 넘어야 하는데, 이 언덕의 높이가 활성화 에너지에 해당합니다. 이 언덕의 높이가 낮아질수록 반응물이 생성물로 더 빠르게 됩니다. 효소는 언덕의 높이에 해당하는 활성화 에너지를 낮추어 반응물이 생성물로 더 빠르게 전환될 수 있도록 합니다.

다음은 효소의 작용을 알아보기 위한 실험을 나타낸 것입니다.

실험과정

(가) 시험관 A~C에 3% 과산화 수소수를 같은 양씩 넣는다.

(나) 시험관 A는 그대로 두고, 시험관 B에는 생간을, 시험관 C에는 삶은 간을 넣는다.

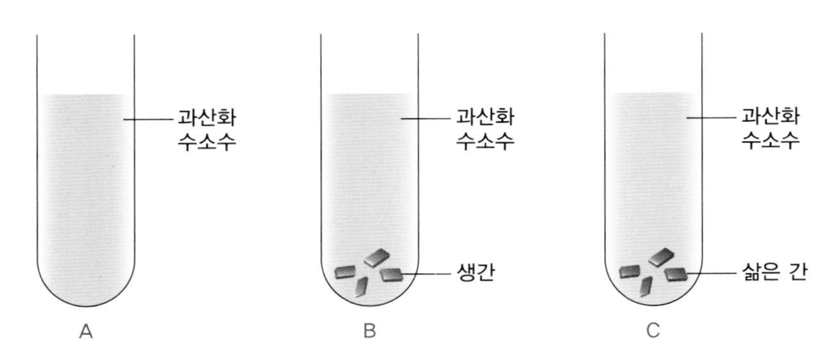

실험결과

· A~C에서 기포 발생 여부를 나타낸 결과는 다음과 같다.

시험관	A	B	C
기포	X	O	X

(O : 발생함, X : 발생하지 않음)

과산화 수소는 공기 중에서 물과 산소로 분해될 수 있습니다. 이때 일어나는 반응을 화학 반응식으로 나타내면 다음과 같지요.

$$2H_2O_2 \rightarrow 2H_2O + O_2$$

위 실험의 A와 같이 실온에 있는 묽은 과산화 수소수에서는 과산화 수소 분해 반응이 느리게 일어나 산소가 발생하는 과정을 관찰하기 어렵습니다. 그러나 실험의 B와 같이 과산화 수소를 분해할 수 있는 카탈레이스 효소가 포함된 생간을 과산화 수소수에 넣으면 산소가 많이 발생합니다. 이는 간 속의 카탈레이스가 활성화 에너지를 낮추어 과산화 수소가 물과 산소로 빠르게 분해되었기 때문입니다. 또한, 위 실험에서 B와 C의 기포 발생 여부를 비교해 보면 카탈레이스 효소는 온도에 의해 성질이 변할 수 있음을 알 수 있습니다. C에 넣어 준 삶은 간의 카탈레이스는 삶는 과정에서 효소가 변성되었음을 알 수 있습니다.

효소는 어떤 특성이 있을까요? 크게 3가지 특징을 갖습니다. 첫째, 효소를 구성하는 주성분은 단백질이기 때문에 특정 온도 범위에서만 반응 속도를 빠르게 할 수 있습니다. 단백질은 온도에 의해 모양이나 구조가 쉽게 변합니다. 효소가 작용하는 특정 범위의 온도를 넘어서면 효소의 구성 성분인 단백질이 변성되어 효소는 생체 촉매 기능을 할 수 없습니다. 둘째, 특정 효소는 특정 반응물과만 결합합니다. 효소는 반응물이 결합할 수 있는 활성 부위를 갖습니다. 반응물과 활성 부위의 입체 구조가 일치해야 효소는 반응물과 결합할 수 있습니다. 셋째, 반응이 끝난 효소는 생성물과 분리되어 재사용 될 수 있습니다. 위 실험 결과에서 반응이 끝난 B에 과산화 수소수를 넣어주면 어떤 변화가 나타날까요? B에 있던 생간의 카탈레이스 효소는 반응 후 변하지 않으므로 재사용이 가능합니다. 실험 후 B에 새로운 과산화 수소수를 B에 넣어주면 B에서 과산화 수소의 물과 산소로의 분해 반응이 다시 일어납니다.

효소는 생명체에서 일어나는 대부분의 물질대사에 관여합니다. 영양소의 소화, 독성 물질 분해, 우리 몸을 구성하는 물질의 합성, 면역 반응 등 다양한 반응에 관여합니다. 효소가 하나라도 없다면 우리는 정상적인 생명 활동을 할 수 없습니다.

효소는 생명체의 물질대사뿐만 아니라 우리 생활에도 응용되고 있습니다. 우리가 먹은 빵, 된장, 김치 등은 효소를 이용한 발효 식품입니다. 불고기 양념에 과일을 넣는 이유도 과일의 단백질 분해 효소를 이용하여 고기의 단백질을 분해해 고기를 부드럽게 하기 위함입니다. 과식이나 소화불량일 때 먹는 의약품인 소화제에는 탄수화물, 단백질, 지방의 분해 효소가 포함되어 있어 음식물의 소화를 도와줍니다. 생활하수나 공장 폐수에 있는 환경 오염 물질을 미생물의 효소를 이용하여 분해할 수도 있습니다. 이처럼 효소는 생명 시스템의 유지뿐만 아니라 일상생활에 널리 이용되고 있습니다.

연습문제 1

그림은 어떤 효소의 작용을 나타낸 것이다. A~D는 각각 효소, 반응물, 생성물, 효소-반응물 복합체 중 하나이다. A~D 중 효소는 무엇인지 쓰시오.

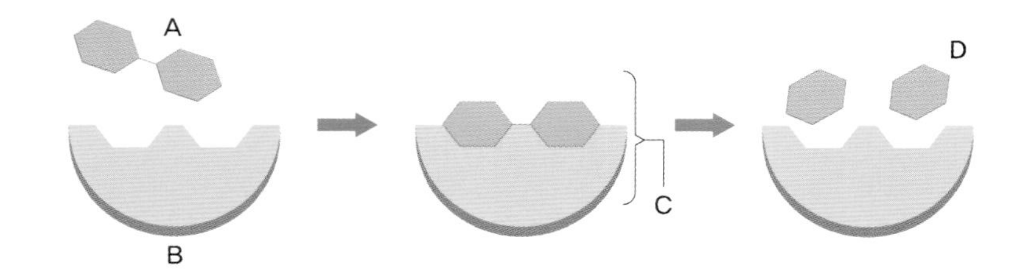

정답 및 풀이

B는 반응 전후에 변하지 않으므로 효소이고, B(효소)와 결합하여 분해된 A는 반응물이다. C는 효소-반응물 복합체이고, D는 A(반응물)가 분해되어 생성된 생성물이다.

정리

생명 시스템에서의 화학 반응은 어떻게 조절될까?

물질대사 : 생명 시스템이 유지되려면 화학 반응이 일어나야 하는데, 생명체에서 일어나는 화학 반응(합성, 분해)을 물질대사라고 한다

- 종류 : 고분자 물질이 저분자 물질로 분해되는 이화 작용과 저분자 물질로부터 고분자 물질이 합성되는 동화 작용이 있다.
- 이화 작용의 예로는 세포 호흡이 있고, 동화 작용의 예로는 광합성이 있다.

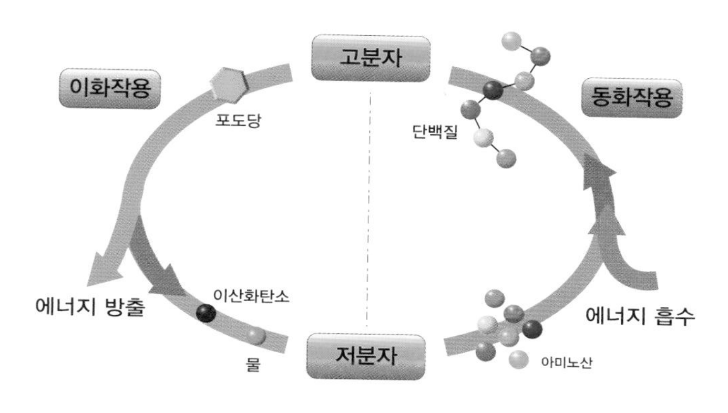

생체 촉매 : 물질대사를 촉진하는 물질이며, 효소라고 한다. 효소는 생명체에서 만들어진다.

효소

- 구성 : 주로 단백질로 구성되고, 효소에 따라 비단백질 성분이 있다.
- 기능 : 화학 반응이 일어날 때 필요한 최소한의 에너지인 활성화 에너지를 낮추어 반응이 빠르게 일어나게 한다.
- 특징 : 특정 효소는 특정 반응물과만 결합한다. 화학 반응이 끝난 후 분리된 효소는 재사용된다.
- 효소의 이용 : 식품 분야(김치, 된장 등), 의약품 분야(소변 속 포도당 검출), 생활 제품 분야(효소 세제), 환경 분야(생활하수나 공장 폐수 속 오염 물질 분해) 등

생명 시스템에서 정보의 흐름

핵심 질문

생명 시스템에서의 정보 흐름은 어떻게 진행될까?

여러분의 ABO식 혈액형은 무엇인가요? 혹시 AB형인 친구 있나요? 만약 여러분의 ABO식 혈액형이 AB형이라면 돌연변이가 없었다는 가정하에 여러분 부모님의 혈액형은 모두 O형이 아닐 것입니다. 이뿐만 아니라 어머님이 적록 색맹이면 아들도 적록 색맹입니다. 부모의 특성이 자손에게 유전되는 경우는 쉽게 찾을 수 있습니다. 사람의 ABO식 혈액형, 색맹 여부 등 생물이 나타내는 특성을 형질이라고 합니다. 이 형질 중 유전자에 의해 나타나는 형질을 유전 형질이라고 하며, 부모로부터 자손에게 유전될 수 있습니다. ABO식 혈액형과 적록 색맹은 부모로부터 유전의 결과 나타나므로 모두 유전 형질입니다. 유전 형질은 생명체를 구성하는 물질인 단백질에 의해 나타나고, 이 단백질에 대한 정보는 유전자에 있습니다. 이 단원에서는 유전자의 정보가 어떻게 단백질로 전달되는지 알아보도록 하겠습니다.

생명체를 구성하는 물질 중 핵산의 종류에는 DNA와 RNA가 있고, 유전 정보가 저장되어 있다고 했는데 기억하나요? 사람의 DNA는 세포의 핵 안에 있습니다. DNA 일부분은 유전 정보가 저장되어 있고, 일부분은 유전 정보가 저장되어 있지 않아요. 유전 정보가 저장된 DNA의 특정 부분을 유전자라고 합니다. 따라서 DNA에는 유전자에 해당하는 부분과 유전자에 해당하지 않는 부분이 모두 있어요. 사람의 세포 1개에 있는 DNA의 굵기는 2nm, 길이는 2m입니다. 사람의 세포는 매우 작아서 눈에 잘 보이지도 않습니다. 이 작은 세포 안에 있는 DNA의 길이는 2m입니다. DNA의 두께를 2nm에서 1cm로 확대하면 DNA의 길이는 약 서울에서 뉴욕까지의 거리인 약 11,000km 정도 됩니다. 이렇게 긴 DNA의 모든 부분이 유전자가 아닌 것은 어쩌면 당연할지도 모릅니다.

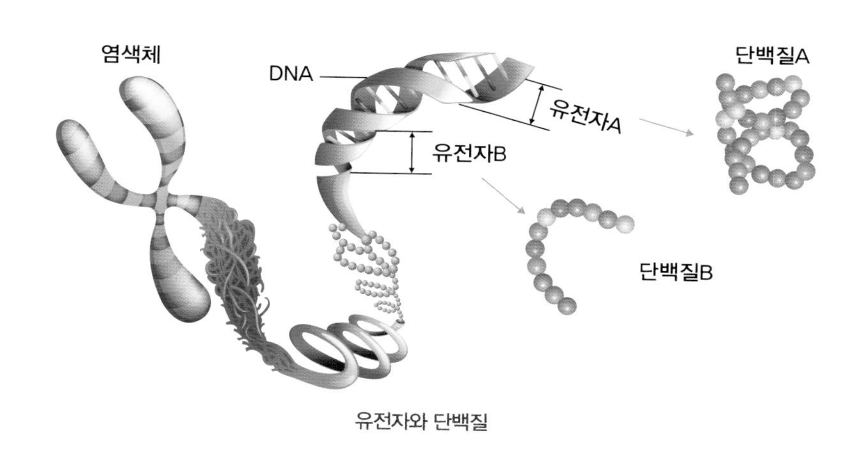

유전자와 단백질

DNA의 유전자에는 단백질 합성에 대한 정보를 갖고 있습니다. 따라서 유전자에 이상이 생기면 정상 단백질이 합성되지 않기 때문에 이상 증상이 나타나게 됩니다. 예를 들어 페닐케톤뇨증이라는 증상이 있습니다. 단백질을 구성하는 20가지 아미노산 중 페닐알라닌이라는 아미노산을 타이로신이라는 아미노산으로 분해하는 페닐알라닌 수산화 효소를 암호화하는 유전자의 이상으로 페닐알라닌 수산화 효소의 결핍이 나타나고, 페닐알라닌이 체내에 축적되어 경련 및 발달장애를 일으키는 대사 질환입니다. 심한 경우 지능 장애, 담갈색 피부, 경련 등이 나타납니다. 낫 모양 적혈구 빈혈증은 산소를 운반하는 헤모글로빈 단백질을 암호화하는 유전자의 이상으로 헤모글로빈을 갖는 적혈구의 모양이 낫 모양으로 바뀌고 산소를 잘 운반하지 못하여 빈혈 증상이 나타나는 증상입니다.

생명체는 필요한 시기에 적절한 세포에서 DNA에 저장된 유전자를 발현시켜 단백질이 합성되도록 합니다. 이를 이용하여 생명 시스템을 유지할 수 있는 것입니다. 세포에서 유전 정보가 저장된 DNA는 핵 속에 있고, 단백질은 세포질에 있는 리보솜에서 합성됩니다. 핵 속의 DNA에 저장된 유전 정보가 세포질의 리보솜에 전달되어야 하지만 DNA는 핵막에 있는 구멍인 핵공을 통과하기에는 크기가 너무 큽니다. 따라서 DNA의 유전 정보가 또 다른 핵산인 RNA에 전달되고, 이 RNA가 핵공을 통과하여 세포질의 리보솜에 전달됩니다. 리보솜은 RNA에 저장된 유전 정보를 해석하여 단백질을 합성합니다.

세포에서 유전 정보는 DNA에서 RNA로 전달되고, RNA의 유전 정보는 리보솜에서 단백질 합성에 이용됩니다. 이러한 유전 정보의 흐름을 생명 중심 원리라고 합니다. 생명 중심 원리에서 DNA의 염기가 배열된 순서에 따라 상보적인 뉴클레오타이드가 결합하면서 RNA가 합성되는 과정을 전사라고 하며, 리보솜이 RNA를 따라 이동하면서 RNA의 염기 배열 순서에 따라 세포질의 아미노산과 아미노산을 연결하여 단백질을 만드는 과정을 번역이라고 합니다.

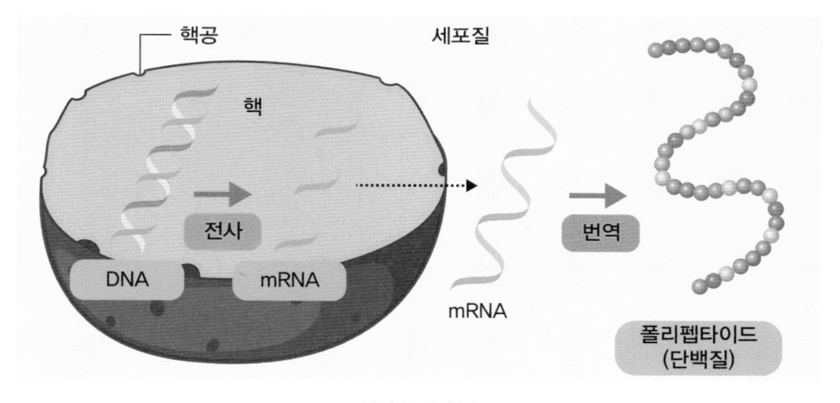

생명 중심 원리

생명 중심 원리에서 전사는 핵에서 일어나고, 번역은 세포질에서 일어납니다. DNA에 저장된 유전 정보는 RNA를 통해 리보솜에 전달되므로 유전 정보는 핵 속에서 안정적으로 보전될 수 있습니다. 여러분이 수업 중 학습지가 없을 때 선생님께서 원본이 아닌 복사본의 학습지를 배부해서 받은 경험이 있지요? 이것과 비슷하다고 생각하시면 됩니다. 유전 정보의 원본은 DNA에 안정적으로 보전하고, 복사본인 RNA를 리보솜으로 전달하여 단백질을 합성하는 것입니다.

DNA의 유전 정보는 DNA의 이중 나선 안쪽에 있는 염기 아데닌(A), 구아닌(G), 사이토신(C), 타이민(T)의 특정 염기 서열로 저장되어 있습니다. DNA의 특정 염기 서열이 유전자이며, 이 염기 서열은 단백질을 구성하는 아미노산의 종류와 수를 암호화하고 있습니다. 조금 더 자세히 설명해보겠습니다. 단백질을 구성하는 아미노산의 종류는 20종류이고, DNA를 구성하는 뉴클레오타이드의 염기의 종류는 4종류입니다. 만일 DNA 염기 1개가 아미노산을 지정할 경우 최대 지정 가능한 아미노산의 수는 4개입니다. DNA 염기 2개를 조합하면 가능한 염기 조합의 수는 16이 되고, 최대 지정 가능한 아미노산의 수는 16개입니다. 같은 방법으로 DNA 염기 3개를 조합하면 가능한 염기 조합의 수는 64가 되고, 20종류의 아미노산을 모두 지정할 수 있을 것입니다. 실제로 DNA의 3염기 조합이 아미노산 하나를 지정하는 유전부호가 되고 있습니다. 그림은 DNA와 RNA의 유전 정보 전달 과

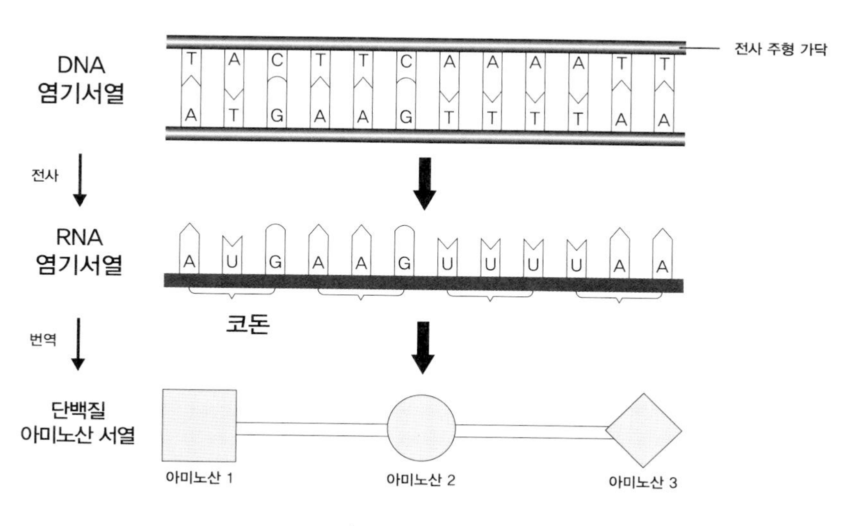

DNA와 RNA의 유전 정보 전달

정을 나타낸 것입니다.

전사는 DNA의 이중 가닥 중 한 가닥을 주형으로 하여 주형 가닥에 상보적인 염기 서열을 가진 RNA가 합성되는 것입니다. 이를 통해 DNA의 유전 정보는 RNA로 전달됩니다. 예를 들어 DNA에서 전사 사용되는 가닥의 염기 서열이 ATG CGC라면 RNA에 합성되는 염기 서열은 UAC GCG가 됩니다. RNA에서는 타이민(T) 대신 유라실(U)이 RNA 합성에 사용됩니다. DNA의 3염기 조합이 지정하는 아미노산 정보는 RNA로 전달되는데, RNA에서도 3개의 염기가 아미노산 1개를 지정합니다. RNA에서 1개의 아미노산을 지정하는 3개의 염기를 코돈이라고 합니다. 코돈의 종류는 64종류이고, 이들 코돈이 20종류의 아미노산을 지정하고 있습니다. 리보솜에서는 RNA의 각 코돈이 지정하는 아미노산과 아미노산 사이의 펩타이드 결합을 촉진하여 단백질을 합성하는 번역이 일어납니다.

지구에 존재하는 모든 생명체는 전사와 번역을 통해 단백질을 합성합니다. 핵이 없는 세균은 세포질에서 전사와 번역이 일어나고, 전사가 완료되기 전에 번역이 시작될 수도 있습니다. 반면 핵이 있는 사람의 세포는 핵에서 전사가 일어나고, 전사가 완전히 끝난 후 합성된 RNA가 세포질로 이동하여 세포질에서 리보솜에 의해 번역이 일어납니다. 전사와 번역이 일어나는 장소는 세균과 사람에서 각각 다르지만 유전 정보를 DNA의 염기 서열로 저장하고, 유전 암호를 해석하는 방법은 모두 같습니다. 유전 암호의 공통성을 이용하면 사람의 인슐린 유전자를 세균에 삽입하여 사람에게 필요한 인슐린 단백질을 대량 생산할 수 있습니다.

연습문제 1

그림은 DNA와 mRNA의 염기 서열과 이 유전 정보로부터 합성된 폴리펩타이드의 아미노산 서열을, 표는 코돈에 대응되는 아미노산을 나타낸 것이다. (가)~(라)에 알맞은 염기 서열 또는 아미노산의 기호를 쓰시오.

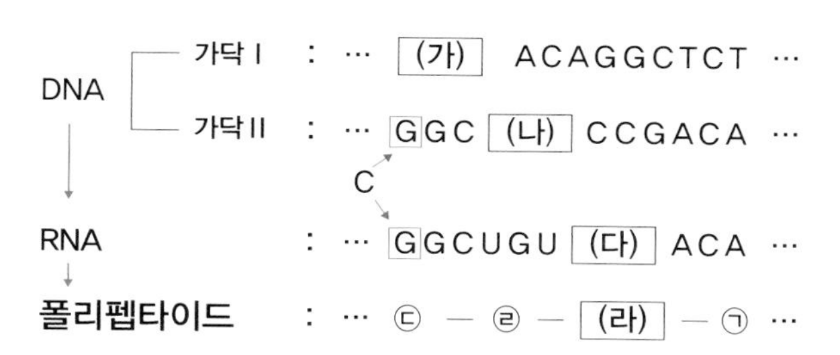

코돈	ACA	CCG	CGC	UGU
아미노산	㉠	㉡	㉢	㉣

정답 및 풀이

DNA를 구성하는 이중 가닥의 염기 서열은 서로 상보적입니다. 아데닌(A)은 타이민(T)과 구아닌(G)은 사이토신(C)과 각각 상보적으로 결합합니다. 따라서 (가)의 염기 서열은 CGC의 상보적인 염기 서열인 GCG입니다. 마찬가지로 (나)의 염기 서열은 ACA의 상보적인 염기 서열인 TGT입니다. DNA에서 RNA가 합성되는 전사는 DNA 주형 가닥과 상보적인 염기 서열을 가진 RNA가 합성됩니다. RNA의 염기 서열은 CGC UGU…로 구성되어 있으므로 DNA의 주형 가닥은 가닥 Ⅰ임을 알 수 있습니다. 따라서 RNA의 염기 서열은 CGC UGU CCG ACA이고, 이 RNA의 염기 서열에 따라 합성된 폴리펩타이드의 아미노산 서열은 ㉢-㉣-㉡-㉠ 이므로 (다)는 CCG, (라)는 ㉡입니다.

정리

생명 시스템에서의 정보 흐름은 어떻게 진행될까?

DNA와 유전 정보

· 세포의 핵 속에는 DNA가 있고, 일부 DNA에는 유전 정보가 저장되어 있다.
· 한 분자의 DNA에 수많은 유전자가 있다.
· 세포 분열이 일어날 때 DNA는 단백질과 함께 응축되어 염색체로 나타난다.

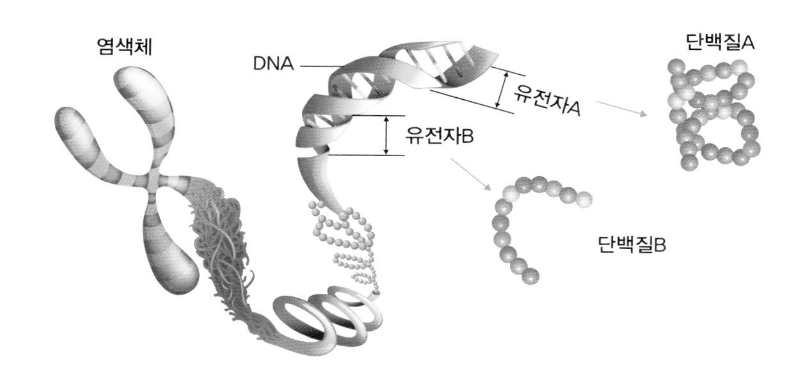

유전 정보의 흐름

· 생명 중심 원리 : 세포에서 유전 정보는 DNA에서 RNA를 거쳐 단백질로 전달되는데, 이러한 흐름을 의미한다.
· 전사 : DNA의 유전 정보가 RNA로 전달되는 과정으로 핵 속에서 일어난다.
· 번역 : RNA의 유전 정보에 따라 단백질이 합성되는 과정으로 세포질에 있는 리보솜에서 일어난다.
· DNA로부터 형질이 발현되는 과정
  – DNA 두 가닥 중 한 가닥의 트리플렛 코드(3개 염기)가 RNA로 옮겨진다.
  – RNA는 세포질로 이동하고, 리보솜은 RNA의 코돈에 따라 아미노산과 아미노산의 펩타이드 결합을 형성하여 단백질을 합성한다.
  – 합성된 단백질에 의해 형질이 나타난다.

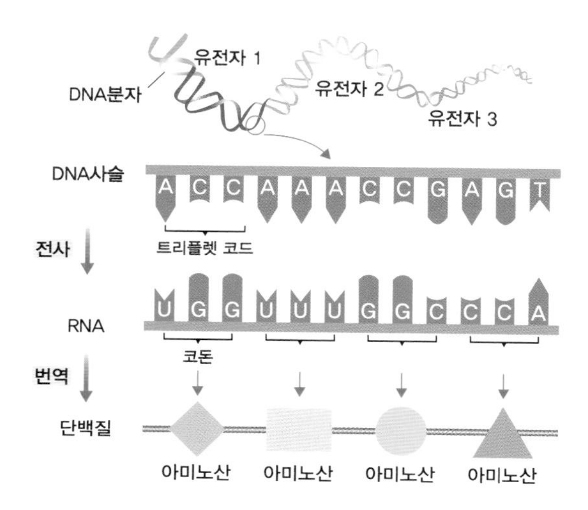

생물 다양성의 유지

핵심 질문

생물의 진화는 어떻게 일어날까?

지구에는 생명 시스템을 가진 다양한 생물이 살아가고 있습니다. 오랜 시간 동안 지구의 환경이 변화였고, 과거에 살았던 생물이 현재는 살지 않거나 새로운 생물이 나타나기도 합니다. 생물이 오랜 세월 동안 여러 세대를 거치면서 환경에 적응하여 변화하는 현상을 진화라고 합니다.

오랜 시간의 진화를 거쳐 오늘날 지구에는 다양한 생물이 살게 되었습니다. 눈에 보이지 않는 대장균이나 벼룩, 사람보다 크기가 큰 기린과 코끼리도 있습니다. 지구에 사는 생물 중 가장 큰 동물은 무엇일까요? 바로 바다에 사는 흰수염고래입니다. 턱 밑 주름의 색이 흰색이어서 붙은 이름인데요. 몸길이 30m, 무게는 100,000kg에 달한다고 합니다. 혀는 코끼리 무게와 비슷하고, 심장의 크기는 자동차와 비슷합니다. 무게는 티라노사우루스라는 육식 공룡 30마리를 합친 정도라고 하네요.

이 고래가 사실 사람과 같은 포유류라는 사실을 알고 있나요? 고래는 육지에서 살다가 바다로 옮겨간 포유류입니다. 물고기는 체온이 외부 온도에 의해 변하는 변온 동물이지만 고래는 사람과 같이 일정하게 체온을 유지하는 항온 동물입니다. 또한, 물고기는 알을 낳지만 고래는 새끼를 낳고, 그 새끼에게 젖을 먹입니다. 고래의 진화 과정은 고래 조상 종의 화석을 연구하면 알 수 있습니다. 현생 고래는 뒷다리가 흔적으로 남아 있지만 고래 조상 종의 화석에서는 온전한 뒷다리가 발견되고, 바다에 적응하는 과정에서 물갈퀴와 지느러미가 형성되었습니다.

진화는 고래에게서만 나타나는 것일까요? 그렇지 않습니다. 지구에 사는 모든 생물은 진화를 겪게 되고, 현재 지구상에는 다양한 종이 형성되었습니다.

같은 종의 생물 무리라도 개체마다 나타나는 형질은 조금씩 다릅니다. 얼룩말의 얼룩무늬, 달팽이의 껍데기 무늬도 조금씩 다릅니다. 이렇게 같은 종에 속하는 개체 사이에 나타나는 형질의 차이를 변이라고 합니다. 사람의 눈동자의 색이 다른 것, 장미꽃의 색이 노란색, 빨간색, 흰색처럼 다양한 것이 변이의 예에 해당합니다. 변이에는 환경 요인의 작용으로 인해 나타나는 변이와 유전자의 변화로 인해 나타나는 변이로 나눌 수 있습니다. 축구 선수의 다리는 오랜 시간 꾸준한 운동으로 인해 일반인의 다리보다 근육이 발달해 있습니다. 축구 선수 다리의 근육이나 일반인 다리의 근육의 크기가 다르므로 근육에 대한 변이가 있지만, 이 변이는 유전되지 않습니다. 사람의 눈꺼풀에는 외꺼풀과 쌍꺼풀이 있습니다. 부모의 눈꺼풀이 외꺼풀이면 이들 부모로부터 태어난 자손의 눈꺼풀은 외꺼풀을 갖습니다. 이때 눈꺼풀에 대한 변이는 자손에게 유전되는 유전적 변이입니다. 유전적 변이는 유전자의 차이에 의해 나타나는 형질의 차이이고, 이 유전적 변이는 자손에게 전달될 수 있습니다.

그렇다면 진화는 어떻게 일어나는 것일까요? 많은 과학자가 지구에 다양한 생물이 나타나게 된 원리에 관해 여러 가지 가설을 제안하였습니다. 라마르크(Lamarck, J. B. P. A., 1744~1829)는 최초로 생물의 진화에 관한 이론을 학문적으로 체계화한 사람입니다. 라마르크는 생물의 몸에서 많이 사용하는 기관이 발달하고, 사용하지 않는 기관은 퇴화한다는 용불용설을 주장했습니다. 살아가는 동안 환경에 적응하는 과정에서 자주 사용하는 기관은 더 발달하여 자손에게 유전되고 그 결과 다양한 생물이 진화의 결과 나타났다는 주장입니다. 그러나 후천적으로 획득한 형질이 자손에게 유전되는 것은 아니므로 라마르크의 주장은 한계가 있습니다. 다윈(Darwin, C.

R., 1809~1882)은 1831년부터 5년 동안 비글호를 타고 세계를 탐험하면서 여러 지역의 동식물을 관찰하였습니다. 태평양에 있는 19개의 섬으로 구성된 갈라파고스 군도를 탐험할 때 특이한 새와 파충류를 관찰하게 되었는데, 그곳의 동물들의 종류와 수는 많지 않았지만 섬마다 동물의 모양이 조금씩 달랐습니다. 다른 섬으로 옮겨갈 수 없는 동물들이 각자의 환경에서 살아남기 좋은 방향으로 변한 것처럼 보였습니다. 핀치라는 새의 부리를 관찰한 결과 각 섬의 먹이 환경에 맞게 조금씩 다르다는 사실을 알게 됩니다. 작은 곤충을 먹는 핀치는 큰 씨앗을 먹는 핀치에 비해 부리가 작고 가늘었습니다.

다윈은 자신이 관찰한 여러 사실을 바탕으로 진화론을 세웠습니다. 생물은 먹이, 공간, 경쟁 생물의 존재 여부 등 주어진 환경에서 살아남을 수 있는 것보다 많은 수의 자손을 낳기 때문에 집단을 구성하는 개체 사이에서 생존 경쟁이 일어난다고 하였습니다. 자손 개체들은 같은 형질에 대해 변이를 갖고, 변이에 따라 환경에 잘 적응하는 개체와 적응하지 못하는 개체가 나타나게 됩니다. 환경에 적응하기 유리한 변이를 가진 생존 경쟁에서 살아남을 가능성이 커 후대에 자손을 더 많이 남길 수 있습니다. 다윈은 이러한 현상을 자연 선택이라고 하였습니다. 다윈은 변이와 자연 선택 과정을 이용하여 진화를 설명하는 자연 선택설을 주장하였습니다.

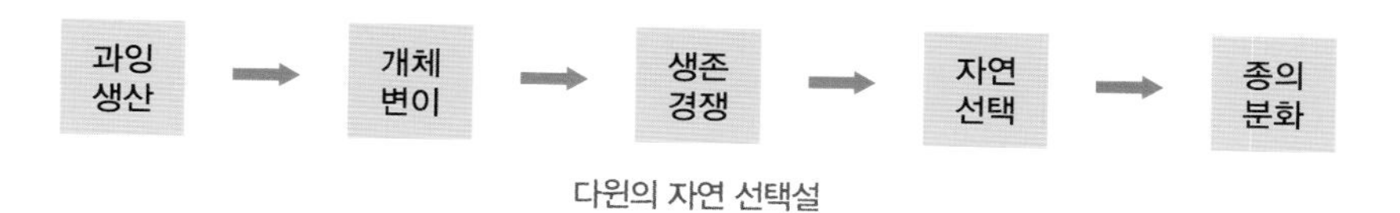

다윈의 자연 선택설

자연 선택설에 따르면 생존 경쟁에서 살아남은 개체가 생존에 유리한 변이를 자손에게 전달하여 생존에 유리한 변이를 가진 개체가 증가하며, 이 과정이 누적되어 생물이 진화한다고 설명합니다.

자연 선택의 원리는 항생제 내성 세균의 집단으로 발생할 때도 적용됩니다. 푸른곰팡이로부터 추출하여 만든 항생제 페니실린이라고 들어보셨

항생제
다른 미생물의 발육을 억제하거나 사멸시키는 물질

내성
특정 약물의 반복 사용으로 인해 약효과가 저하되는 현상

나요? 페니실린은 세균의 세포벽 합성을 저해하여 세균을 죽이는 항생제입니다. 그러나 지금은 항생제로 페니실린을 잘 사용하지 않는데, 사용하지 않는 원인 중 하나는 페니실린에 내성을 가진 세균이 많아졌기 때문입니다. 포도상구균이라는 세균에서 90% 이상이 페니실린에 내성을 갖는다는 연구 결과도 있습니다. 이렇게 페니실린에 내성을 가진 세균의 비율이 점차 증가한 까닭을 자연 선택의 원리로 설명할 수 있습니다. 같은 종류의 세균 사이에서도 항생제에 내성이 있는 세균과 내성이 없는 세균 등 항생제에 대한 변이가 있습니다. 항생제가 사용된 환경에서는 항생제 내성이 있는 세균이 살아남기에 적합하고, 항생제 내성이 없는 세균은 살아남기에 적합하지 않습니다. 그 결과 항생제 사용이 반복될수록 항생제에 내성이 있는 세균이 살아남아 번식하게되고, 이 세균의 비율이 증가하게 됩니다.

같은 변이라도 어떤 환경에서는 생존에 유리하게 작용하지만, 다른 환경에서는 생존에 불리하게 작용하여 자연 선택의 결과가 달라지기도 합니다. 낫 모양 적혈구 빈혈증은 헤모글로빈 유전자의 돌연변이로 나타나고, 산소(O_2)가 부족하면 빈혈증이 나타납니다. 따라서 산소(O_2) 부족한 고지대에 살거나 운동을 통해 산소(O_2) 부족 환경에 처하면 빈혈증이 나타나 생존에 불리합니다. 그러나 말라리아가 자주 발생하는 아프리카 일부 지역에서는 낫 모양 적혈구가 있는 사람이 말라리아가 발생하지 않는 지역보다 많이 살고 있습니다. 말라리아를 옮기는 모기의 생활사 중 사람의 적혈구에서 증식하는 단계가 있는데, 낫 모양 적혈구에서는 증식할 수 없으므로 낫 모양 적혈구가 있는 사람은 말라리아에 저항성이 있고, 말라리아가 자주 발생하는 지역에서는 정상 적혈구를 가진 사람보다 생존에 더 유리합니다.

다윈의 자연 선택설은 진화의 핵심 원리로 인정받고 있고, 오늘날에도 정치, 경제, 사회, 문화 등 과학이 아닌 분야에서도 많은 영향을 끼치고 있습니다. 그러나 다윈이 자연 선택설을 발표할 당시에는 유전학에 관한 연구가 많이 이루어지지 않았기 때문에 개체들 사이에 변이가 나타나는 원인과 변이가 자손에게 전달되는 구체적인 방법을 설명하지는 못하였습니다.

정리

생물의 진화는 어떻게 일어날까?

진화

· 진화 : 생물이 오랜 기간 환경에 적응하면서 몸의 구조나 특성이 변하는 현상이다.
· 변이 : 같은 종의 개체 사이에서 습성, 형태 등 형질의 차이를 의미한다.
· 진화의 결과 다양한 생물이 출현하였고, 변이에 따라 개체마다 환경에 적응하는 능력이 다르다.

다윈의 자연 선택설

· 자연 선택설에 의한 진화 과정

과잉 생산	일반적으로 생물은 대부분 주어진 환경에서 살아남을 수 있는 것보다 많은 수의 자손을 낳는다.

↓

개체 변이	개체군 내의 개체들 사이에는 형태와 기능에서 차이가 나타나는 변이가 있다.

↓

생존 경쟁	다양한 변이를 가진 개체들 사이에서 먹이, 서식 공간, 배우자 등을 두고 경쟁을 한다.

↓

자연 선택	환경에 적합한 변이를 가진 개체가 그렇지 못한 개체보다 살아남을 가능성이 크고 자손을 더 많이 남긴다.

↓

진화	자연 선택이 오랜 시간 동안 여러 세대를 거듭하면서 반복되면 새로운 종이 출현하는 생물의 진화가 일어난다.

· 자연 선택설로 설명한 기린의 진화 과정

다양한 목길이를 가진 기린이 존재했다.

목이 긴 기린이 생존에 유리했다. 목이 짧은 기린은 죽었다.

목이 긴 기린이 자손을 많이 남기며, 이 과정이 반복되어 기린의 목이 길어졌다.

· 한계점

– 변이의 원인을 설명하지 못했다.
– 부모의 형질이 자손에게 유전되는 원리를 설명하지 못했다.

생물 다양성의 중요성과 보전 방안

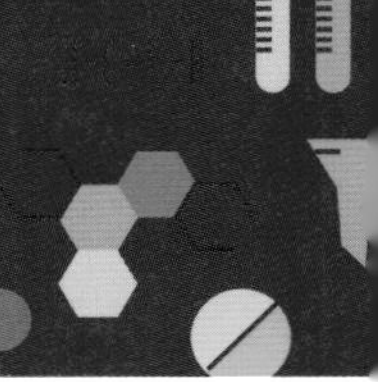

핵심 질문

생물 다양성, 어떻게 지켜야 할까?

지구에 최초의 생명체가 출현한 이후 생물은 진화를 거듭하였고 그 결과 오늘날 지구에는 우리가 알고 있는 종보다 모르고 있는 종이 더 많을 정도로 다양한 생물과 환경이 생태계를 구성하고 있습니다. 지구에는 약 3천만 종 이상이 살고 있을 것으로 추정되고 있고, 지금도 새로운 종의 발견이 보고되고 있습니다.

다양한 생물은 생태계에서 상호 작용을 하며 살아가고 있습니다. 일정 생태계에 존재하는 생물의 다양한 정도를 생물 다양성이라고 합니다. 이 생물 다양성은 생물이 생활하는 생태계의 다양성, 생물 종의 다양성, 생물이 갖는 유전자의 다양성 전부를 포함하는 개념으로 넓은 범주부터 생태계 다양성, 종 다양성, 유전적 다양성의 의미합니다.

생물 다양성은 유전적 다양성, 종 다양성, 생태계 다양성을 포함한다.

생물은 같은 종이라도 색, 크기, 모양 등이 각각 다른데, 이것은 한 가지 형질에도 다양한 유전자가 존재하기 때문입니다. 예를 들어 같은 종의 달팽이도 개체마다 껍데기의 무늬와 색이 다르고, 같은 종의 무당벌레에서도 등껍질의 무늬와 색이 다릅니다. 이것은 개체마다 유전자가 다르기 때문인데, 같은 종이라도 하나의 형질을 결정하는 유전자가 서로 다른 것을 유전적 다양성이라고 합니다.

'유전적 다양성이 높다.'라는 말은 같은 종으로 구성된 한 집단의 개체들에서 특정 형질을 결정하는 유전자가 다양하여 다양한 형질이 나타나는 것을 의미합니다. 환경이 급격히 변했을 때 유전적 다양성이 높은 집단이 생존에 유리할까요? 유전적 다양성이 낮은 집단이 생존에 유리할까요? 우리가 먹는 바나나는 품종이 거의 같습니다. 이 바나나에 전염병 발생과 같은 급격한 환경 변화가 일어나면 어떻게 될까요? 바나나는 멸종할 수도 있습니다. 그러나 다양한 유전자를 가진 바나나를 재배한다면 환경 변화에 적응할 수 있는 개체가 있을 가능성이 커지고, 멸종 가능성이 작아집니다. 따라서 유전적 다양성이 높아야 생물 종이 다양하게 유지될 수 있습니다.

일정 지역에 얼마나 많은 생물 종이 고르게 서식하고 있는지를 나타낸 것을 종 다양성이라고 합니다. 일정 지역에 서식하는 생물 종이 많고 종의 분포 비율이 균등할수록 종 다양성이 높으며, 종 다양성이 높을수록 생태계는 안정적으로 유지됩니다.

지구의 여러 지역은 대륙과 해양의 분포, 온도와 강수량 등의 환경의 영향으로 삼림, 사막, 해양, 갯벌 등의 다양한 생태계가 존재합니다. 어느 지역에 존재하는 생태계의 다양한 정도를 생태계 다양성이라고 합니다. 생물은 환경에 적응하면서 살아가기 때문에 생태계에 따라 서식하는 생물의 종과 개체 수가 달라집니다. 따라서 생태계가 다양할수록 유전적 다양성과 종 다양성도 높아집니다.

개체 간의 다양한 변이를 나타내는 유전적 다양성과 생물의 다양한 서식 환경을 제공하는 생태계 다양성은 자연 선택에 의한 진화의 원동력입니다. 생물들의 환경에 대한 진화와 적응의 결과 다양한 종이 출현하였고, 종 다양성이 증가하였습니다. 각각의 생물 종들은 서로 먹고 먹히는 관계로 연결되어 있고, 환경에 적응해 왔으며, 생태계 내에서 저마다 고유한 기능을 수행하고 있습니다. 생태계를 구성하는 생물과 환경은 사람을 비롯한 모든 생물의 생존에 영향을 미칩니다. 숲속의 나무는 대기 중의 이산화 탄소 농도를 낮추어 지구 온난화를 방지하고, 나무의 뿌리는 산의 땅이 유출되는 것을 방지하며 숲의 생물들에게 안정적인 서식 공간을 제공합니다. 습지의 식물과 미생물은 물을 깨끗하게 정화하고, 땅속의 동물과 미생물은 토양의 통기성을 증가시켜 식물들이 잘 자랄 수 있게 합니다. 생물 다양성은 인류에게도 많은 혜택을 줍니다. 인류는 생물을 통해 의약품, 식량, 의복, 주거 공간 등 다양한 자원을 얻습니다. 푸른곰팡이에서 얻은 항생제인 페니실린은 세균에 의한 질병 치료에 이용되었고, 쌀, 콩, 옥수수, 소, 닭, 돼지 등은 지금까지도 인류에게 식량으로 이용되고 있습니다. 목화, 누에고치는 천연 섬유의 원료이고, 나무는 주거 공간의 재료로 이용됩니다. 이 밖에 아직 개발되지 않은 미래 기술에 이용될 수 있는 자원이 생물 다양성에 존재할 수 있으므로 생물 다양성 보전은 더 중요합니다. 이 밖에 생물 다양성은 인류에게 휴식 장소, 여가 활동, 생태 관광 등의 장소를 제공하여 정서적·문화적 자원으로서의 가치도 높습니다.

생물이 진화를 통해 새로운 종이 출현하기도 하지만 자연적으로 사라지기도 합니다. 최근 들어 사라지는 종의 수가 급격히 증가하고 있습니다. 생물 종 감소는 생물 다양성 감소로 이어집니다. 생물 다양성 감소의 가장 큰 원인은 서식지 파괴와 단편화입니다. 지구 곳곳에서 개발이라는 이름으로 생물들의 서식지인 숲과 바다를 개발하여 생물들의 서식 공간이 줄어들고 있습니다. 생물들의 서식지가 50% 줄어들면, 생물 종의 수는 50% 이상 더 감소합니다. 또, 도로나 댐 등의 건설로 서식지가 분리되면 생물들이 다른 지역으로 이동하기 어렵고, 차나 기차에 치여 죽기도 합니다.

외래종의 도입도 생물 다양성 감소의 원인 중 하나입니다. 외래종은 새로운 서식지에서 천적이나 질병이 없다면 대량 번식하게 되고, 고유종 먹이와 공간을 차지해 버려 고유종을 멸종시킬 수 있습니다. 외래종의 증가와 고유종의 감소는 생물 다양성을 감소로 나타납니다.

외래종
원래 살고 있던 서식지가 아닌 다른 지역으로 이동한 생물이다.

인간에 의한 환경 오염 증가도 생물 다양성 감소의 원인이 됩니다. 화석 연료, 농약, 화학 비료 등의 사용이 증가하여 대기와 토양이 오염되면 식물이 잘 자랄 수 없습니다. 폐수의 무단 방류로 인해 강이나 호수에 중금속과 화학 물질이 증가하면 하천과 토양에 서식하는 생물들에게 큰 피해를 주기도 합니다.

이처럼 인간의 활동으로 생물 다양성이 감소함에 따라 생물 다양성 보전을 위한 개인적·국가적·국제적 노력이 이어지고 있습니다. 생물 다양성 보전을 위한 개인적 노력으로는 무엇이 있을까요? 여러분들이 할 수 있는 방법으로는 쓰레기 분리수거 잘하기, 친환경 제품 사용하기, 에너지 효율이 높은 전기 제품 사용하기 등이 있습니다. 국가적 노력으로는 생물 다양성 관련 주요 법령 제정이나 국립생물자원관 설립 등이 있습니다. 국립생물자원관은 우리나라 생물 전체에 대한 보전과 관리 시스템을 갖추고 있고 생물 다양성 보전을 위한 다양한 연구를 수행하고 있습니다. 국제적 노력으로는 생물 다양성 협약을 체결하는 것이 있습니다. 생물 다양성의 보전과 생물 자원의 지속 가능한 이용을 위해 국제적 협약을 체결합니다. 람사르 협약은 물새 서식지로 중요한 습지를 보전하기 위한 국제 협약이고, 런던 협약은 선진 공업국이 산업 폐기물을 바다에 버려 발생한 해양 오염의 방지를 위한 국제 협약입니다.

생물 다양성 보전을 위한 노력은 개인·국가·국제 사회가 모두 관심을 갖고 함께 참여해야 효과가 나타납니다. 무엇보다 인간도 다른 생물과 더불어 생태계의 구성원이라는 인식과 생물 다양성을 보전하는 것이 인류의 생존에 꼭 필요하다는 인식을 가지고, 생물 다양성 보전에 관심을 가져야겠습니다.

연습문제 1

표는 생물 다양성의 3가지 의미를 설명한 것이다. (가)~(다)는 각각 유전적 다양성, 종 다양성, 생태계 다양성 중 하나이다. (가)~(다)는 무엇인지 쓰시오.

구분	의미
(가)	산, 강, 습지 등 생태계가 다양하게 형성되는 것을 의미한다.
(나)	어떤 생태계에 존재하는 생물 종의 다양한 정도를 의미한다.
(다)	동일한 생물 종이라도 형질이 각 개체 간에 다르게 나타나는 것을 의미한다.

정답 및 풀이

생물 다양성에는 유전적 다양성, 종 다양성, 생태계 다양성이 있습니다. 산, 강, 습지 등 생태계가 다양하게 형성되는 것은 생태계 다양성을 의미하고, 어떤 지역(생태계)에서 생물 종의 다양한 정도를 의미하는 것은 종 다양성을 의미합니다. 동일한 생물 종에서 형질이 각 개체 간에 다르게 나타나는 것은 유전적 다양성을 의미합니다. 따라서 (가)는 생태계 다양성, (나)는 종 다양성, (다)는 유전적 다양성입니다.

정리

생물 다양성, 어떻게 지켜야할까?

생물 다양성

· 생태계 내에 존재하는 생물의 다양한 정도를 의미한다.

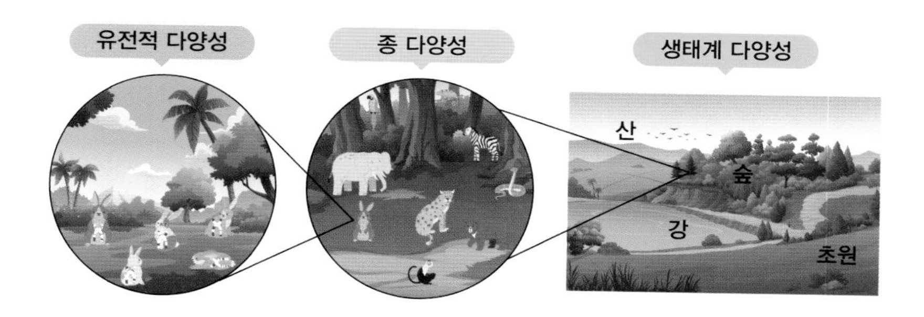

구분	특징
유전적 다양성	· 같은 종이라도 하나의 형질을 결정하는 유전자가 다른 것을 의미한다. · 아시아무당벌레의 등껍데기 무늬와 색이 다양하다.
종 다양성	· 일정한 지역에 얼마나 많은 생물종이 얼마나 고르게 서식하는가를 의미한다. · 서식하는 종의 수가 많고 고를수록 종 다양성이 높다.
생태계 다양성	· 어느 지역에 존재하는 생태계의 다양한 정도를 의미한다.

생물 다양성의 중요성

· 생물 다양성이 낮아지면 생태계 평형이 깨지기 쉽다.
· 생물 자원의 이용 : 의복, 식량, 주택, 의약품, 정서적 · 심미적 가치 등 다양하게 이용된다.

생물 다양성의 보전

· 생물 다양성의 감소 원인 : 서식지 파괴와 단편화, 야생 생물 불법 포획과 남획, 무분별한 외래종 도입, 환경 오염
· 생물 다양성 보전을 위한 노력

구분	예
개인적 노력	쓰레기 분리수거, 에너지 효율이 높은 전자 제품 이용
국가적 노력	야생 생물 보호 법률 제정, 국립 공원 지정
국제적 노력	생물 다양성에 관한 국제 협약 체결

생태계 구성 요소와 환경

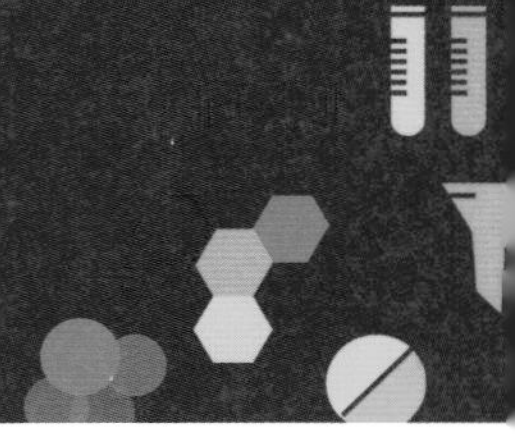

핵심 질문

생태계 구성 요소는 환경과 어떤 관계를 맺고 있을까?

개체, 개체군, 군집, 생태계의 관계

은어 개체는 일정 지역에서 먹이나 서식 공간의 확보, 배우자 독점 등을 목적으로 일정한 공간을 점유하고 다른 개체의 침입을 막습니다. 늑대 무리는 한 개체가 전체 개체 무리의 행동을 이끌며 무리 지어 생활합니다. 이처럼 생물 개체는 독립적으로 살거나 무리 지어 살고 있습니다. 생존에 필요한 기능을 갖춘 독립된 하나의 생물체를 개체라고 하고, 일정한 지역에 같은 종의 개체가 무리를 이루어 생활하는 집단을 개체군이라고 하며, 일정한 지역에 모여 생활하는 여러 개체군의 집합을 군집이라고 합니다. 늑대 무리에서 늑대 한 마리는 늑대 한 개체이고, 늑대 무리는 개체군이다. 늑대 무리와 늑대의 먹이인 토끼 무리, 쥐 무리와 소나무 같은 식물 무리 등은 모두 군집을 구성합니다. 생물 군집 안에서 생물은 여러 생물과 서로 영향을 주고받으며 살아가고, 토양, 빛, 공기, 물 등의 주변 환경과도 서로 영향을 주고받으며 살아가는 데 이를 생태계라고 합니다.

생태계는 가정에서 물고기를 키우는 어항이나 도시공원, 댐 등과 같은 인위적으로 나타나기도 하고, 자연 상태에서의 나무 한 그루, 숲 전체, 하천, 대양 등 다양한 크기로 나타나기도 합니다.

가정에서 물고기를 키우는 어항 속 생태계를 생각해 봅시다. 어항에는 어떤 것이 있나요? 돌, 물, 물고기가 있을 것이고, 경우에 따라 물풀도 있을 것입니다. 어항을 구성하는 것들을 크게 물고기, 물풀과 같은 생물적 요인과 물, 돌과 같은 비생물적 요인으로 나눌 수 있습니다. 생태계도 생물적 요인과 비생물적 요인으로 나눌 수 있습니다.

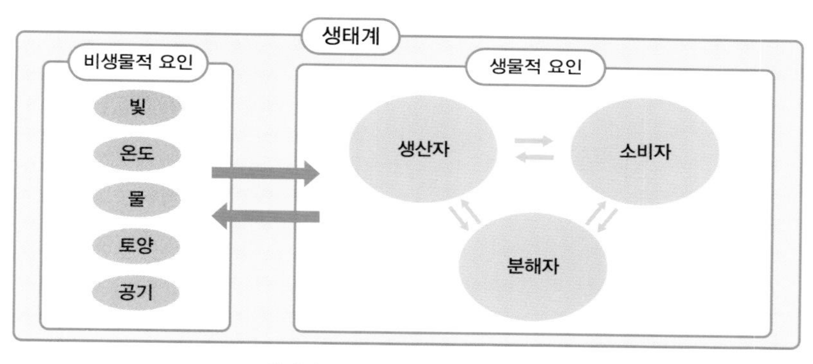

생태계 구성 요소 사이의 상호 관계

생물적 요인은 기능에 따라 생산자, 소비자, 분해자로 구분할 수 있습니다. 생산자의 예로는 스스로 양분을 합성할 수 있는 식물이 있고, 소비자의 예로는 다른 생물을 통해 양분을 얻는 동물이 있습니다. 분해자의 예로는 다른 생물의 사체나 배설물을 통해 양분을 얻는 세균과 곰팡이가 있습니다. 비생물적 요인의 예로는 빛, 온도, 물, 토양, 공기와 같이 생물을 둘러싸고 있는 환경 요소가 있습니다. 생태계를 구성하는 생물적 요인과 비생물적 요인은 서로 영향을 주고받으면서 살고 있습니다. 벼는 특정 온도와 빛의 세기에서 잘 자랍니다. 토양 속의 지렁이는 토양의 통기성을 증가시키고, 지렁이의 배설물은 땅을 비옥하게 만듭니다. 이처럼 생태계는 생물적 요인과 비생물적 요인의 상호 관계로 유지됩니다.

생물은 빛, 온도, 물, 토양 등 비생물적 요인에 적응하며 살아갑니다. 빛의 세기가 강한 곳에 사는 식물의 잎은 울타리 조직이 발달하여 두껍지만, 빛의 세기가 약한 곳에 사는 식물의 잎은 울타리 조직이 발달하지 않아 얇고 넓습니다.

빛의 세기가 잎의 두께에 미치는 영향

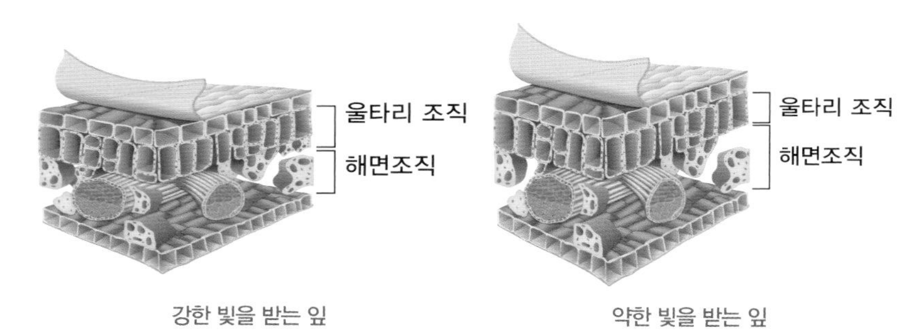

강한 빛을 받는 잎 약한 빛을 받는 잎

잎이 두꺼우면 빛의 세기가 강한 곳에서 광합성 효율이 향상하고, 잎이 얇고 넓으면 빛이 약한 곳에서 빛을 받기에 유리합니다. 또 하나의 식물에서도 빛의 세기를 강하게 받는 곳의 잎이, 빛의 세기를 약하게 받는 곳의 잎보다 두껍습니다. 빛의 파장도 생물의 생활에 영향을 미칩니다. 해조류는 바다의 깊이에 따라 서식하는 종류가 다른데, 이는 바다의 깊이에 따라 도달하는 빛의 파장과 양이 다르기 때문입니다.

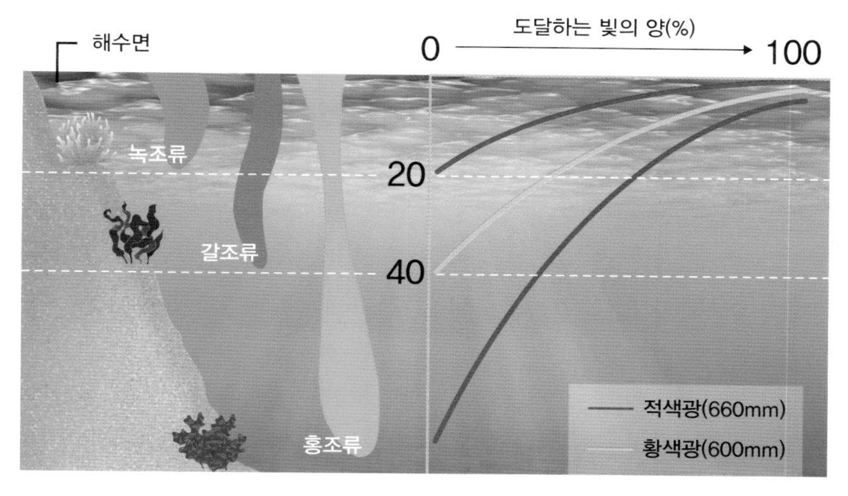

빛의 파장이 해조류의 분포에 미치는 영향

해조류의 종류
· 녹조류 : 엽록소가 있어 녹색을 띠는 조류 (예) 파래
· 갈조류 : 엽록소와 갈조소가 있는 조류 (예) 미역, 다시마
· 홍조류 : 엽록소와 홍조소가 있는 조류 (예) 김

빛의 에너지는 파장(nm)에 반비례합니다. 청색광(470nm)은 적색광(660nm)보다 파장이 짧아 에너지가 더 큽니다. 따라서 청색광(470nm)은 적색광(470nm)보다 깊은 곳까지 도달할 수 있습니다. 홍조류는 청색광을 많이 흡수하여 광합성을 할 수 있으므로 청색광(470nm)이 도달할 수 있는 깊이까지 서식할 수 있습니다. 갈조류는 황색광(600nm)을 많이 흡수하여 광합성을 할 수 있으므로 황색광(600nm)이 도달할 수 있는 깊이까지 서식할 수 있고, 녹조류는 황색광(600nm)과 청색광(470nm)보다는 적생광(660nm)을 많이 흡수하여 광합성을 하므로 적색광(660nm)이 도달할 수 있는 얕은 곳에서만 서식합니다. 일조 시간도 동물의 생식이나 행동에 영향을 미칩니다. 일조 시간은 태양광선이 구름이나 안개 등에 의해서 차단되지 않고 지표면을 비춘 시간을 의미합니다. 꾀꼬리는 일조 시간이 길어지는 봄에 번식하고, 송어는 일조 시간이 짧아지는 가을에 번식합니다. 국화와 같은 식물은 일조 시간이 짧아지는 가을에 꽃을 피웁니다.

온도도 동물이나 식물에 영향을 미칩니다. 양서류에 속하는 개구리는 스스로 체온을 일정하게 유지할 수 없는 변온 동물입니다. 개구리는 겨울에 체온이 낮아져 물질대사가 원활하게 일어나지 않아 겨울잠을 잡니다.

그러나 조류, 포유류와 같이 체온을 일정하게 유지할 수 있는 정온 동물은 체온을 유지할 수 있도록 적응되어 있습니다. 추운 지방에 사는 정온 동물은 깃털이나 털이 발달하여 있고 피하 지방층이 두꺼우며, 귀나 꼬리와 같은 말단 부속지가 작아서 열이 방출되는 것을 막습니다. 예를 들어 추운 지역에 사는 북극여우는 몸의 말단 부위가 작아지고 몸집은 커지며, 더운 지역에 사는 사막여우는 말단 부위가 커지고 몸집은 작아지는 경향이 있습니다. 사막여우와 같이 말단 부위가 커지면 체내 열 방출이 유리합니다.

온도와 여우의 적응

북극여우

온대여우

사막여우

온도가 식물에 미치는 영향은 털송이풀이나 동백나무에서 관찰할 수 있습니다. 기온이 매우 낮은 지역에 사는 털송이풀은 잎이나 꽃에 털이 나 있어 체온이 낮아지는 것을 막을 수 있고, 동백나무는 잎에 큐티클 층이 발달하여 체온이 낮아지는 것을 막을 수 있습니다. 동백나무의 잎은 느티나무처럼 잎을 떨어뜨려 겨울을 보내지 않고, 잎을 떨어뜨리지 않고 겨울을 보냅니다. 물도 생물에 영향을 미칩니다. 육상에 사는 생물은 수분을 보존하기 위해 다양한 방법으로 적응하였습니다. 사슴벌레와 같은 곤충은 몸을 감싸는 키틴질의 외골격을 갖고 있어 체내 수분이 증발하는 것을 막습니다. 선인장과 같이 사막에 사는 식물은 물을 잘 흡수할 수 있도록 뿌리와 관다발이 발달되어 있지만, 생이가래와 같이 물에 사는 식물은 관다발이나 뿌리가 발달하지는 않습니다.

연습문제 1

그림은 생태계를 구성하는 요소 사이의 상호 관계를 나타낸 것이다. A와 B는 각각 생산자와 소비자 중 하나이다. 이에 대한 설명으로 옳은 것만을 〈보기〉에서 있는 대로 고른 것은?

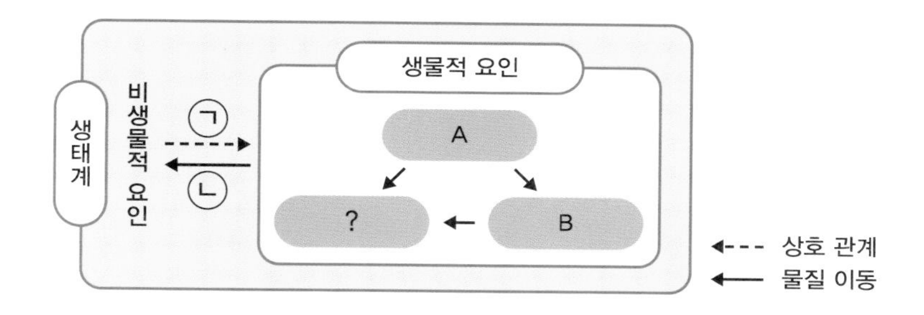

ㄱ. A는 생산자이다.

ㄴ. 온도는 비생물적 요인에 해당한다.

ㄷ. 빛의 파장에 따라 해조류의 분포가 달라지는 것은 ㉡에 해당한다.

① ㄱ ② ㄴ ③ ㄱ, ㄷ ④ ㄴ, ㄷ ⑤ ㄱ, ㄴ, ㄷ

정답 및 풀이

생물적 요인은 기능에 따라 생산자, 소비자, 분해자로 구분됩니다. 생산자에서 생성된 유기물은 소비자와 분해자로 이동하고, 소비자의 시체나 배설물은 분해자로 이동하므로 A는 생산자, B는 소비자입니다. 비생물적 요인에는 빛, 온도, 물, 토양 등이 있습니다. 빛의 파장에 따라 해조류의 분포가 달라지는 것은 비생물적 요인이 생물적 요인에 미치는 영향의 예이므로 ㉠에 해당합니다. 정답은 ③번입니다.

정리

생태계 구성 요소는 환경과 어떤 관계를 맺고 있을까?

생태계

· 개체, 개체군, 군집, 생태계의 관계

- 개체 : 한 생명체
- 개체군 : 일정 지역에 같은 종으로 구성된 개체들의 무리
- 군집 : 일정 지역에 여러 종으로 구성된 개체들의 무리
- 생태계 : 일정 지역에 생물과 환경이 서로 영향을 주고받으며 살아가는 생명 유지 체계이다.

· 구성 요소 : 생물적 요인과 비생물적 요인으로 구성되며, 각 요인은 서로 영향을 주고받는다.

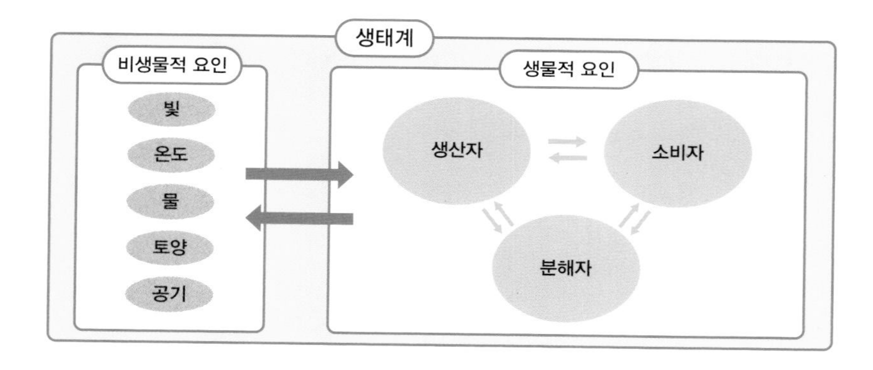

환경과 생물의 관계

· 빛과 생물

- 빛의 세기 : 빛의 세기가 강한 곳에 있는 잎은 울타리 조직이 발달하여 두껍고, 빛의 세기가 약한 곳에 있는 잎은 빛을 잘 흡수하기 위해 얇고 넓다.
- 빛의 파장 : 깊은 바다에는 파장이 짧은 청색광을 주로 이용하는 홍조류가 많이 분포하고, 얕은 바다에는 파장이 긴 적색광을 주로 이용하는 녹조류가 분포한다.
- 일조 시간 : 코스모스는 일조 시간이 짧아지는 가을에 꽃이 핀다.

· 온도와 생물

- 추운 지방에 사는 북극여우는 더운 지방에 사는 사막여우보다 몸집이 크고, 몸의 말단부가 작아 열이 방출되는 것을 막는다.

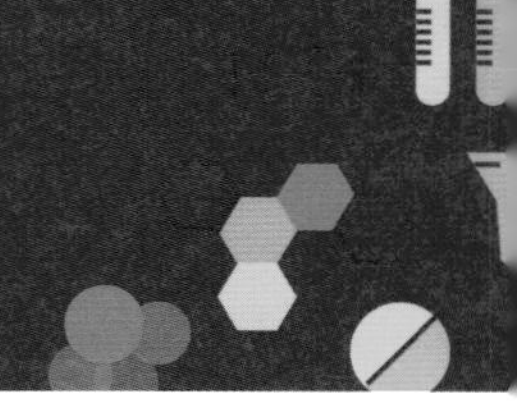

생태계 평형

핵심 질문

생태계 평형이 유지되는 원리는 무엇일까?

생태계를 구성하는 생물의 종류와 개체 수, 에너지 흐름이 안정적으로 유지되는 상태를 생태계 평형이라고 합니다. 생태계를 구성하는 생물적 요인은 기능적으로 생산자, 소비자, 분해자로 구분되고, 각 생물은 서로 먹고 먹히는 먹이 관계를 형성합니다. 예를 들어 해양 생태계에서 생산자인 식물 플랑크톤은 1차 소비자인 동물 플랑크톤의 먹이가 되고, 동물 플랑크톤은 2차, 3차 소비자인 새우, 오징어 등의 먹이가 됩니다. 생태계에서 생물들의 먹고 먹히는 관계를 사슬 모양으로 나타낸 것을 먹이 사슬이라고 하고, 먹이 사슬이 서로 복잡하게 얽혀 나타나는 것을 먹이 그물이라고 합니다.

먹이 사슬과 먹이 그물의 예

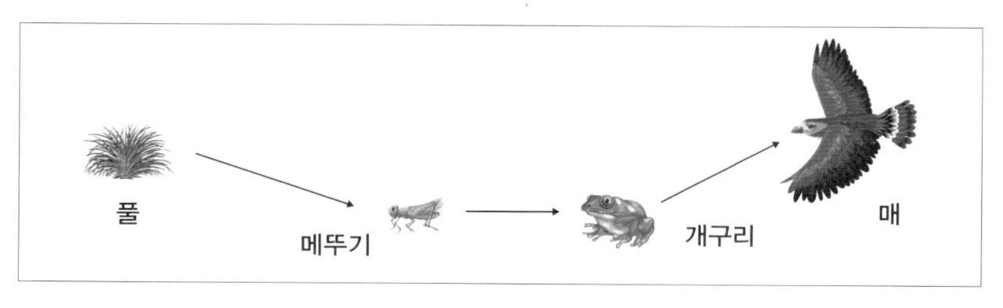

먹이 사슬

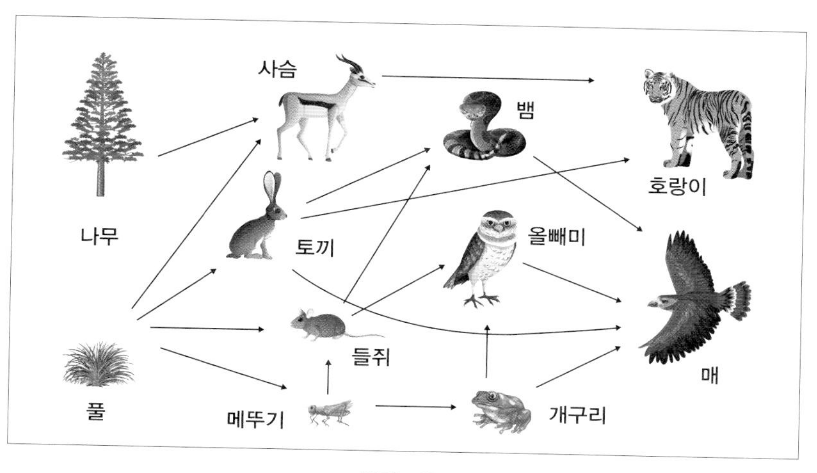

먹이 그물

먹이 관계에서 에너지는 영양 단계를 따라 생산자 → 1차 소비자 → 2차 소비자 → 3차 소비자의 순으로 전달됩니다. 각 영양 단계에서 생물이 생명 활동을 하는 데 쓰이거나 열에너지로 방출되고 남은 에너지가 다음 단계로 전달되기 때문에 상위 영양 단계로 갈수록 에너지양은 줄어들게 됩니다. 에너지양뿐만 아니라 각 영양 단계의 개체 수, 생물량도 상위 영양 단계로 갈수록 줄어듭니다. 생태 피라미드는 각 영양 단계의 에너지양, 개체 수, 생물량을 하위 영양 단계부터 상위 영양 단계로 쌓아 올린 피라미드 형태의 그림을 의미합니다.

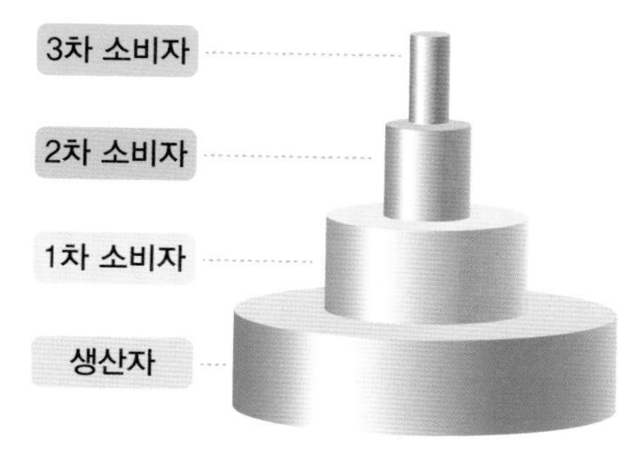

먹이 관계

일반적으로 안정된 생태계에서는 에너지양, 생물량, 개체 수는 먹이 관계의 상위 영양 단계로 갈수록 감소하는 형태를 나타냅니다.

생태계는 어떤 요인에 의해 특정 영양 단계의 개체 수가 일시적으로 변하더라도 먹이 관계에 의해 다시 안정상태로 되돌아갈 수 있는 능력이 있습니다.

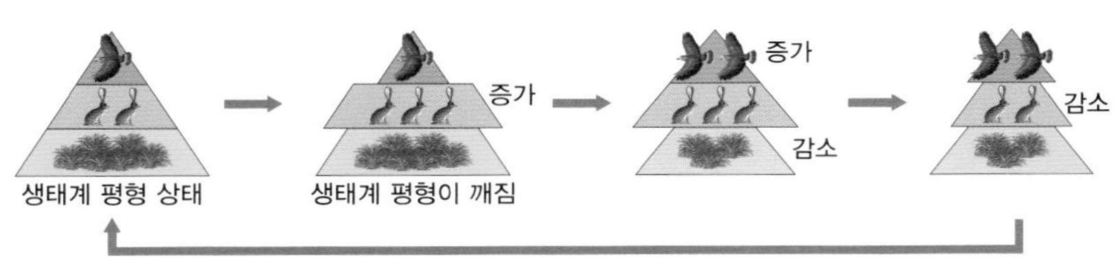

생태계 평형이 유지되는 원리

1차 소비자인 토끼의 개체 수가 일시적으로 증가하면 생산자의 개체 수는 감소하고, 2차 소비자의 개체 수가 증가한다. 2차 소비자의 개체 수가 증가하면 1차 소비자의 개체 수는 감소하고, 생산자의 개체 수는 증가하여 생태계는 다시 평형을 회복한다. 따라서 먹이 관계가 복잡할수록 생태계는 안정적으로 유지될 수 있습니다.

생태계에 평형을 유지할 수 있는 능력을 넘어서는 변화가 주어지면 생태계 평형이 깨지게 된다. 홍수, 산사태, 화산 폭발 등의 자연재해나 도로 건설, 아파트 공사, 환경 오염 물질 배출과 같은 인간의 활동은 생물들의 서식지를 파괴하고 먹이 관계를 파괴하여 생태계 평형을 깨트릴 수 있는 원인이 됩니다. 우리나라에서는 이를 막기 위해 보호해야 할 생물 종을 천연기념물로 지정하고 남획·포획·유통을 금지하고 있으며, 보호해야 할 지역은 국립 공원이나 개발제한구역으로 지정하여 보호하고 있습니다. 생태계 평형이 파괴된 지역의 복원을 위해 생태 하천 복원 사업, 야생동물 복원 사업을 하고, 도로 건설로 단절된 서식지를 연결하는 생태 통로를 설치하기도 합니다. 한번 파괴된 생태계 평형을 회복되는 데 큰 비용과 시간이 필요하므로 생태계 평형을 유지하기 위한 노력이 지속적으로 필요합니다.

정리

생태계 평형이 유지되는 원리는 무엇일까?

생태계에서 먹이 관계

· 먹이 사슬 : 생태계에서 생산자부터 최종 소비자까지 먹고 먹히는 관계를 사슬 모양으로 나타낸 것이다.
· 먹이 그물 : 생태계에서 먹이 사슬이 서로 얽혀 그물처럼 복잡하게 나타나는 것이다.
· 먹이 관계에서 에너지 흐름 : 생태계에서 에너지는 먹이 사슬을 통해 상위 영양 단계로 이동한다.

생태 피라미드 : 생태계에서 개체 수, 생물량, 에너지양 등을 상위 영양 단계에 따라 피라미드 형태의 그림으로 나타낸 것이다.

생태계 평형

· 먹이 그물이 복잡할수록 생태계 평형이 잘 유지된다.
· 생태계 회복 과정 : 안정된 생태계는 일시적으로 특정 영양 단계의 개체 수가 변하더라도 먹이 관계에 의해 다시 평형을 회복한다.

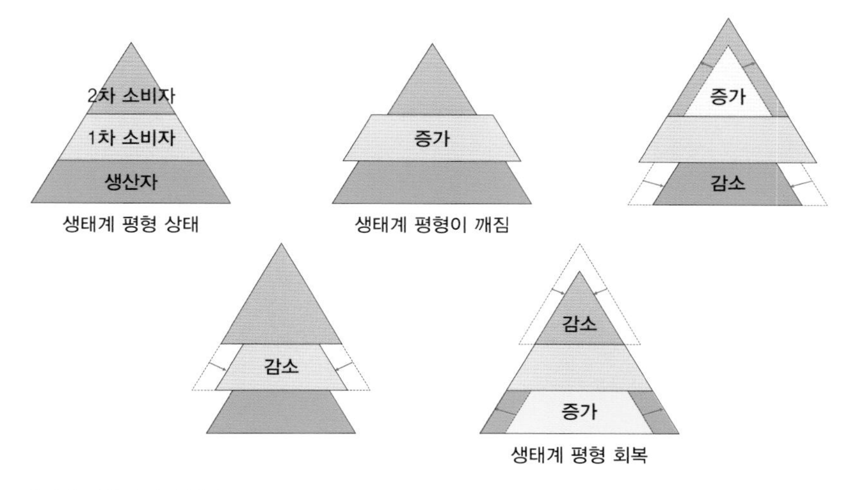

생태계 평형의 파괴 원인

· 자연재해 : 화산 폭발, 홍수, 산불, 지진 등
· 인간의 활동 : 외래종의 유입, 남획과 포획, 오염 물질 배출 등

지구과학

우주의 시작과 원소의 생성

핵심 질문

우주에 존재하는 물질은 어떻게 생성되었을까?

우리 주변에는 수많은 건물, 자동차, 전자 제품 등이 있습니다. 이들은 모두 자연에서 얻을 수 있는 물질들을 바탕으로 복잡한 과정을 거쳐 만들어진 것입니다. 새로운 신기술을 통해 합성한 것들도 있지만, 기본적으로 자연에서 얻었다고 할 수 있습니다. 그렇다면 자연의 물질들은 처음에 어떻게 생성된 것일까요? 이 질문은 '광활한 우주에 존재하는 엄청난 양의 물질들은 어떻게 만들어진 걸까?'로 확장할 수 있습니다. 오늘날 과학자들은 물질의 형성 과정을 어떻게 설명하는지 알아봅시다.

우주에 존재하는 물질의 특성을 이해하려면 먼저 스펙트럼에 대해 알고 있어야 합니다. 백열전구나 태양에서 나온 빛을 프리즘에 통과시키면 빛이 나누어지면서 연속적인 색의 띠가 만들어지는데, 이것을 스펙트럼이라고 합니다. 스펙트럼은 아래 그림과 같이 연속 스펙트럼과 선 스펙트럼으로 구분하고, 선 스펙트럼은 다시 방출 스펙트럼과 흡수 스펙트럼으로 구분할 수 있습니다. 특히, 선 스펙트럼은 그 빛을 방출하거나 흡수한 물질의 구성 원소에 따라 달라지기 때문에 성분을 알아내는 데 아주 유용합니다. 마치 지문을 이용해 사람을 구분하는 것처럼, 선 스펙트럼을 이용하여 원소를 구분할 수 있기 때문입니다.

선 스펙트럼의 파장이 짧아지면 청색 편이, 길어지면 적색 편이라고 한다.

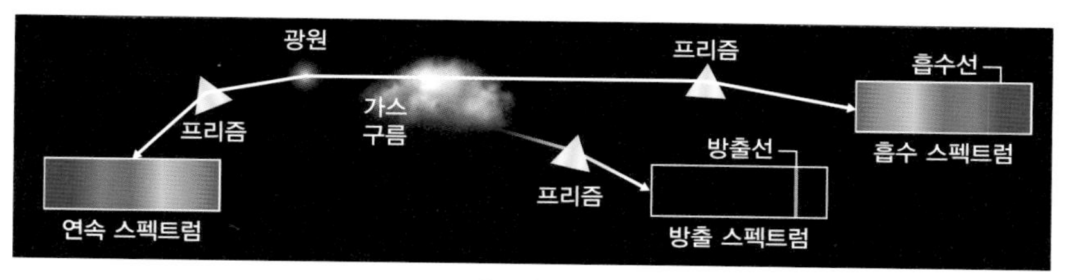

스펙트럼의 종류

물질에서 방출된 빛의 스펙트럼에서는 물질의 구성 성분뿐만 아니라 운동 상태에 관한 정보를 얻을 수 있습니다. 빛을 내는 물체가 관측자에게 다가오면 선 스펙트럼의 파장이 원래의 파장보다 짧아지고, 멀어지면 원래의 파장이 길어지는 적색 편이가 관찰됩니다. 미국의 천문학자 허블은 이런 특징을 이용하여 아주 중요한 발견을 하였습니다.

에드윈 파월 허블
(Edwin Powell Hubble, 1889~1953)
미국의 천문학자로 외부 은하를 관측하여 우주가 팽창하고 있다는 사실을 알아냈다.

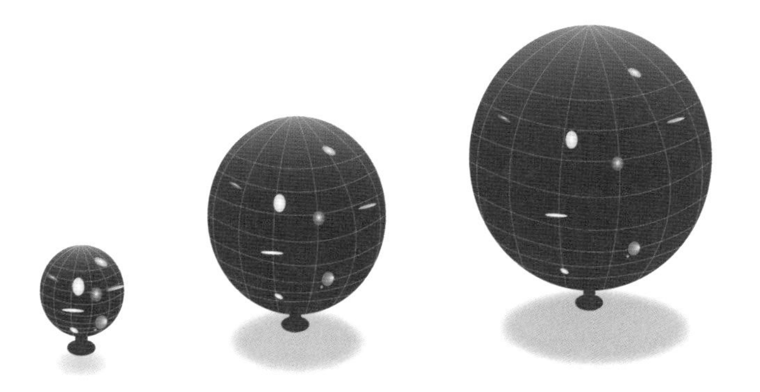
팽창하는 우주에서는 멀리 있는 은하가 더 빨리 멀어지는 것처럼 보인다.

허블은 외부 은하의 스펙트럼을 분석한 후 멀리 있는 은하일수록 더 빠른 속도로 멀어지고 있다는 사실을 발견하였습니다. 이를 허블 법칙이라고 하는데, 이 법칙에 따르면 2배 멀리 있는 은하는 2배 빠르게 멀어지고, 3배 멀리 있는 은하는 3배 빠르게 멀어집니다.

현재 우주가 팽창하고 있다면, 과거에는 어떤 모습이었을까요? 과거로 갈수록 우주는 수축할 것이고, 결국 우주는 상상하기 어려울 정도로 작은 점이 될 것입니다. 이러한 상태에서 우주가 시작되었다는 이론이 빅뱅 우주론입니다. 현재까지 빅뱅 우주론은 가장 설득력 있는 우주 탄생 이론입니다.

수소 원자에서 원자핵은 양성자 1개로 이루어지므로 우주가 생기고 1초가 지나지 않아 우주 최초의 원자핵이 만들어진 셈이다.

빅뱅(대폭발) 우주론에 따르면, 우주는 모든 물질과 에너지가 모인 한 점에서 대폭발로 시작되었으며 대폭발이 일어난 직후 우주에 여러 종류의 기본 입자가 생겨났습니다. 기본 입자는 원자나 원자핵보다 훨씬 더 작은 입자로, 쿼크와 전자가 이에 해당합니다.

우주가 계속 팽창하고 온도가 조금씩 낮아지면서 쿼크가 서로 결합하여 양성자와 중성자를 이루었습니다. 이때 우주 나이는 겨우 1초도 되지 않았으며, 우주는 양성자와 중성자, 전자로 가득 차 있었습니다.

천문학자들은 빅뱅 우주론이 틀릴 확률은 진화론이 틀릴 확률보다 작다고 판단하고 있다.

양성자와 중성자의 질량은 거의 비슷하므로 수소 원자핵 12개의 질량은 헬륨 원자핵 1개의 질량보다 약 3배 크다.

이 시기에 양성자와 중성자는 서로 전환될 수 있었는데, 시간이 흐르면서 양성자 개수가 중성자 개수보다 많아졌습니다. 이는 양성자가 중성자로 바뀌는 것보다 중성자가 양성자로 바뀌는 것이 더 쉬웠기 때문입니다. 결과적으로 우주에는 양성자 수가 중성자 수보다 많아지게 되었고 양성자와 중성자의 개수비는 대략 7 : 1이 되었습니다.

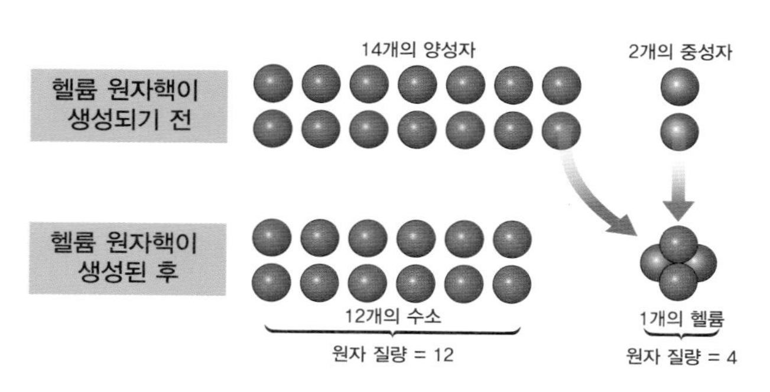

초기 우주에서 헬륨 원자핵의 형성

이후 우주의 나이가 약 3분이 될 때까지 양성자와 중성자가 서로 결합하여 헬륨 원자핵을 형성하였습니다. 헬륨 원자핵은 170쪽의 그림과 같이 수소 원자핵인 양성자 2개와 중성자 2개가 서로 결합하여 만들어졌고, 반응이 끝난 후 수소 원자핵과 헬륨 원자핵의 개수비는 약 12 : 1이었고, 질량비는 3 : 1이었습니다.

우주의 나이가 3분이 되었을 때, 가장 가벼운 두 원소인 수소와 헬륨의 질량비가 3 : 1로 결정되었고, 이후 우주의 온도가 낮아져 더 이상 원자핵을 합성하는 반응은 일어날 수 없었습니다.

그 후에도 우주는 계속 팽창하였고, 우주의 나이가 약 38만 년이 되었습니다. 우주 온도는 3000K까지 낮아졌고, 전자가 원자핵과 결합하여 중성 원자를 형성하기 시작하였습니다. 수소 원자핵과 전자 1개가 결합하여 수소 원자가 되고, 헬륨 원자핵과 2개의 전자가 결합하여 헬륨 원자가 되었습니다.

이때 비로소 빛이 우주 공간을 자유롭게 진행할 수 있게 되었습니다. 이전에는 빛이 전기를 띤 입자(전자, 원자핵)에 흡수되고 재방출되었지만, 중성 원자가 형성된 이후에는 '투명한 우주' 공간을 가득 채운 빛이 입자의 영향을 받지 않고 퍼져 나가게 되었습니다. 이 빛은 현재 우주 전역에서 관측되는데, 이를 우주 배경 복사라고 합니다.

불투명한 우주(위)와 투명한 우주(아래)

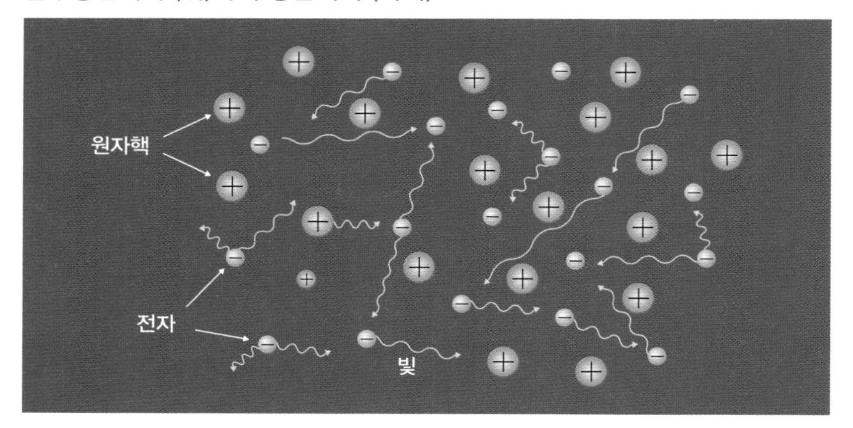

전자가 빛을 흡수하고, 다시 방출하는 과정이 반복되어 빛이 자유롭게 진행하지 못하였다.

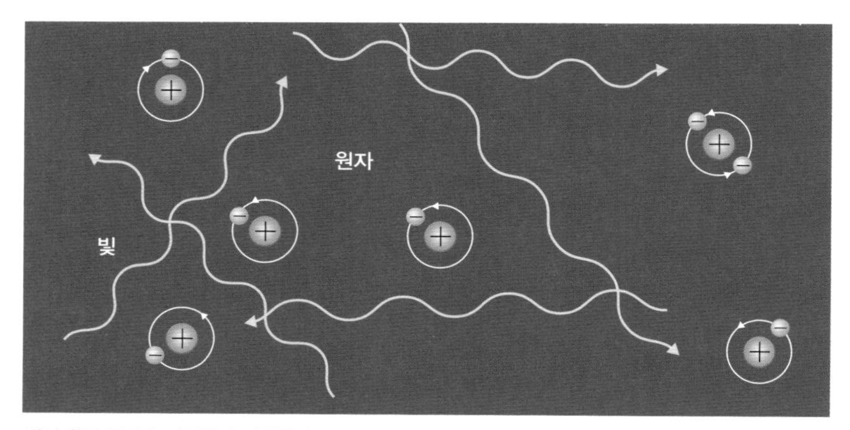

빛이 우주 공간을 자유롭게 진행할 수 있게 되었다. 이 빛은 우주 공간을 거의 균일하게 채울 수 있었다.

허블의 관측으로 우주가 팽창한다는 사실이 밝혀졌지만 아주 작은 점에서 폭발을 거쳐 현재의 우주를 이루게 되었다는 빅뱅 우주론이 인정받기 위해서는 이를 뒷받침할 증거가 필요했습니다. 빅뱅 우주론이 옳다고 주장할 수 있는 증거에는 무엇이 있을까요?

과학자들이 제시한 빅뱅의 첫 번째 증거는 우주 배경 복사입니다. 빅뱅 우주론을 주장했던 가모는 빅뱅 이후 우주의 온도가 수천 K로 낮아졌을 때 형성된 빛이 우주의 팽창으로 현재는 수 K에 해당하는 우주 배경 복사

우주 배경 복사 지도

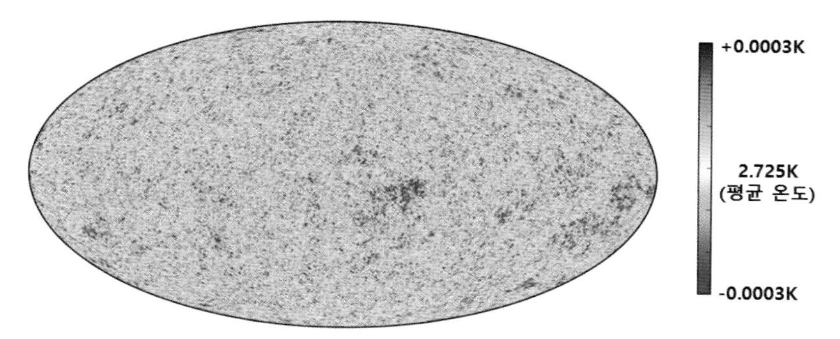

우주 망원경을 이용하여 관측한 결과 우주 전역에서 거의 균일하게 우주 배경 복사가 관측되었다.

로 존재할 것으로 예측했습니다. 초기 우주의 온도가 매우 높았음을 의미하는 우주 배경 복사의 존재는 1964년에 실제로 관측되었고, 빅뱅 우주론이 옳다는 것이 증명되었습니다.

두 번째 증거는 우주 공간에 분포하는 수소와 헬륨의 분포 비율입니다. 별은 성간 물질에서 형성되는데, 우주 전역에서 관측되는 성간 물질의 성분을 분석해 보면 수소와 헬륨의 질량비가 약 3 : 1입니다. 이 값은 빅뱅 우주론에서 예측한 이론적인 값과 잘 일치하므로 빅뱅 우주론의 증거가 됩니다.

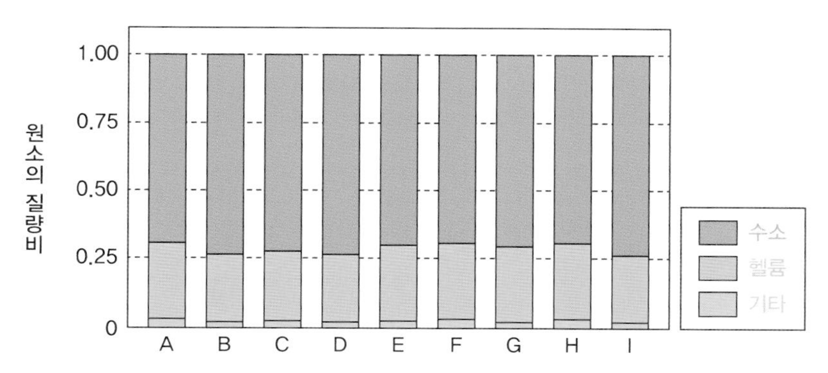

외부 은하 A~I 에서 관측한 수소와 헬륨의 질량비는 모두 약 3:1이다.

연습문제 1

선 스펙트럼의 종류 2가지를 쓰시오.

정답 및 풀이

방출 스펙트럼, 흡수 스펙트럼

스펙트럼에는 연속 스펙트럼과 선 스펙트럼이 있고, 선 스펙트럼은 다시 방출 스펙트럼과 흡수 스펙트럼으로 구분한다.

연습문제 2

멀리 있는 은하일수록 흡수 스펙트럼의 파장이 어떻게 달라지는가?

정답 및 풀이

길어진다.

거리가 멀수록 빨리 멀어지므로 파장이 길어진다.

연습문제 3

초기 우주에서 헬륨 원자핵이 형성될 당시 양성자와 중성자의 개수비는 얼마인가?

정답 및 풀이

약 7 : 1

양성자의 수가 중성자의 수보다 약 7배 많았다.

연습문제 4

우주 배경 복사가 형성될 당시 우주 온도는 약 몇 K이었는가?

정답 및 풀이

3,000K

중성 원자가 형성될 당시 우주의 온도는 약 3000K였다.

연습문제 5

빅뱅 우주론의 증거 2가지는 무엇인가?

정답 및 풀이

우주 배경 복사, 가벼운 원소의 비율

우주 배경 복사는 빅뱅 이후 초기 우주가 고온이었음을 나타내며, 수소와 헬륨의 질량비는 빅뱅 우주론의 이론값과 잘 일치한다.

정리

우주에 존재하는 물질은 어떻게 생성되었을까?

스펙트럼의 종류

· 연속 스펙트럼 : 연속적인 색을 가진 띠 모양

· 선 스펙트럼 : 방출 스펙트럼과 흡수 스펙트럼

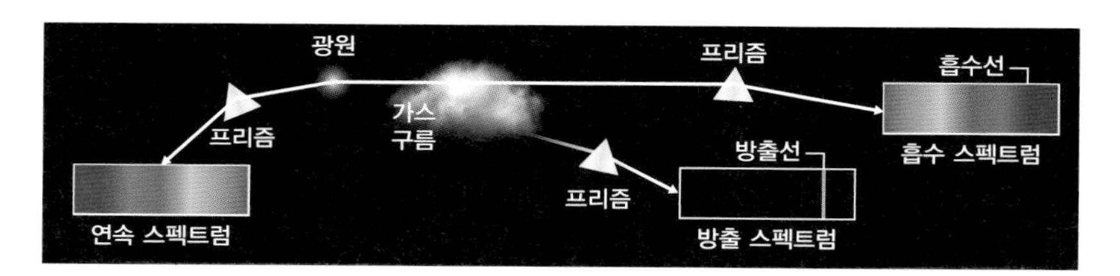

우주 팽창과 허블 법칙

· 멀리 있는 외부 은하의 스펙트럼에서 적색 편이가 관측된다.

· 허블 법칙 : 거리가 먼 은하일수록 빨리 멀어진다.

초기 우주에서 원자의 생성

· 빅뱅 우주론 : 우주는 한 점에서 출발하여 급격히 팽창하면서 현재의 우주를 이루었다.

· 초기 우주에서 원자의 생성 과정

① 빅뱅 → ② 기본 입자(쿼크, 전자) → ③ 양성자, 중성자 → ④ 헬륨 원자핵 → ⑤ 중성 원자(수소, 헬륨)

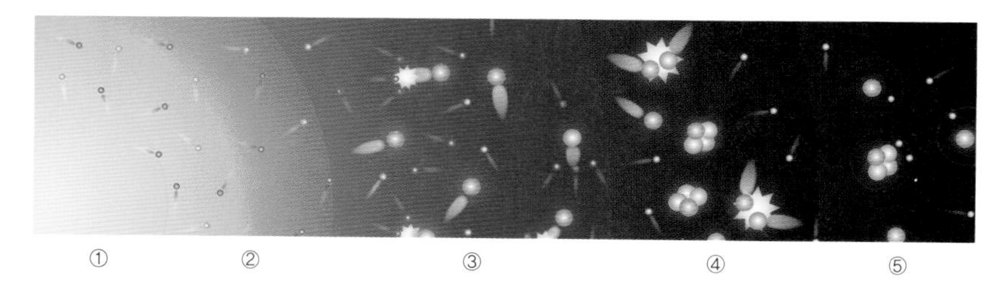

① ② ③ ④ ⑤

빅뱅 우주론의 증거

· 우주 배경 복사 : 우주 전역에서 약 2.7K의 복사가 관측된다.

· 가벼운 원소의 비율 : 수소와 헬륨의 질량비는 약 3:1이다.

지구 시스템의 에너지와 물질 순환

핵심 질문

지구와 생명체를 이루는 원소는 어떻게 생성되었을까?

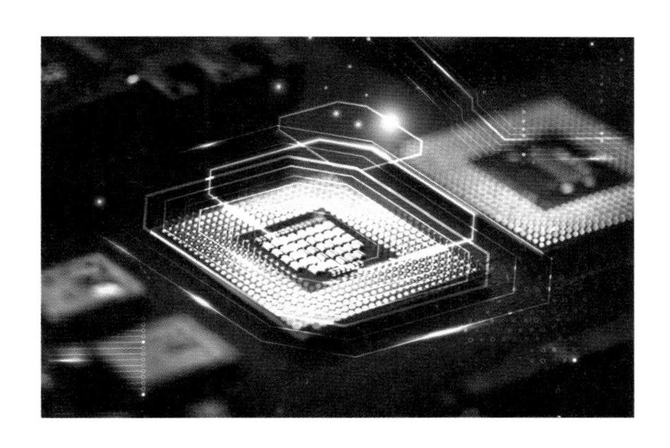

생명체를 구성하는 주요 성분은 탄소, 산소, 칼슘 등이 주요 성분이고, 지각의 주요 성분이자 반도체에 필요한 핵심 원소는 규소입니다. 우주 초기에 수소, 헬륨과 같은 가벼운 원자만 만들어졌다면 지각과 생명체를 구성하는 규소, 탄소, 산소 등의 나머지 원소들은 어떻게 생성되었을까요?

빅뱅 이후 처음 3분 동안 우주 공간에서 생성된 원소는 수소와 헬륨, 그리고 아주 소량의 리튬입니다. 그 이후 우주가 급격히 팽창하면서 우주 공간에서는 이것보다 무거운 원소가 만들어지지 않았습니다. 하지만 지구뿐만 아니라 별과 성간 물질에는 가벼운 원소(수소, 헬륨) 외에도 칼슘, 철 등의 다양한 원소가 존재합니다. 이들은 모두 별의 진화 과정에서 만들어진 것입니다. 별의 진화와 원소의 무거운 원소의 생성 과정에 대해 살펴봅시다.

성간 물질이 중력에 의해 수축하면 밀도가 높은 기체 덩어리가 만들어지는 데 이를 원시별이라고 합니다. 원시별은 수축이 일어날수록 중심 온도가 계속 높아지는데, 약 1,000만K가 되면 중심에서 수소가 헬륨으로 바꾸는 수소 핵융합 반응이 시작됩니다. 이 반응이 일어나면 원시별은 수축을 멈추고 크기가 일정하게 유지되는 안정적인 별이 되는데, 이러한 별을 **주계열성**이라고 합니다.

주계열성
별의 중심부에서 수소 핵융합 반응이 안정적으로 일어나는 별로, 태양도 주계열성에 속한다.

주계열성의 내부에서 일어나는 수소 핵융합 반응은 비교적 긴 시간 동안 일어날 수 있기 때문에 별은 전체 일생의 대부분을 주계열 단계에서 보냅니다. 이 단계에 머무는 기간은 별의 질량에 따라 결정되는데 질량이 큰 별일수록 주계열 단계에서 보내는 시간이 짧아 수명이 짧습니다. 예를 들어, 태양의 주계열 수명은 대략 100억 년으로 예상하는데, 태양보다 질량이 2배 큰 별의 주계열 수명은 대략 25억 년입니다.

별의 질량과 수명
별의 질량이 클수록 수소 연료를 빠르게 소비하므로 주계열에 머무는 기간이 짧고, 별의 수명도 짧다.

수소 핵융합 반응 수소

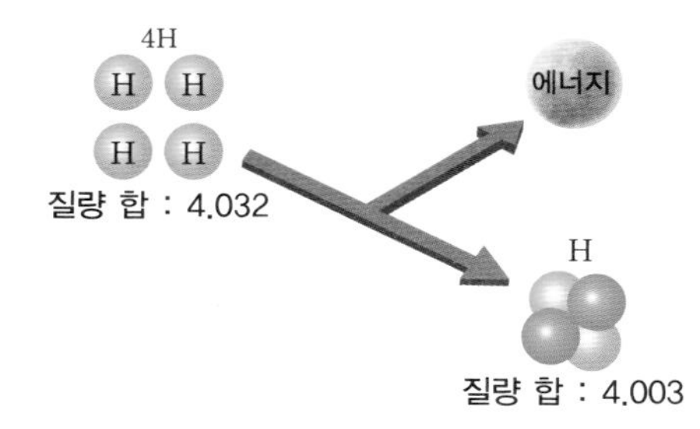

원자핵이 4개가 헬륨 원자핵 1개로 융합되는데, 이때 질량 차이만큼 에너지로 전환된다.

별의 내부에서 수소 핵융합 반응이 무한히 계속되지 않습니다. 별의 중심부에서 수소가 모두 고갈되어 헬륨만 남으면 수소 핵융합 반응은 중단됩니다. 반응이 중단되면 별의 중심부는 수축하면서 온도가 높아지고, 별의 외곽층은 부풀어 올라 크기가 커져 거성이 됩니다. 중심부 온도가 계속 높아지면 중심부에 있던 헬륨이 융합하여 탄소를 만드는 헬륨 핵융합 반응이 일어납니다. 만약 별의 질량이 태양과 비슷하다면 별의 중심부에서

거성
주계열 단계가 끝나면 별의 크기가 커지는데 이 단계의 별을 거성이라고 한다. 질량이 태양과 비슷한 별은 적색 거성이 되고, 질량이 태양보다 훨씬 큰 별은 초거성이 된다.

헬륨 핵융합 반응으로 탄소(일부 산소)까지만 생성될 수 있습니다. 그러나 태양보다 질량이 훨씬 큰 별은 중심부에서 무거운 원소의 핵융합 반응이 계속 일어나 산소, 네온, 나트륨, 마그네슘, 그리고 최종적으로 철까지 만들어집니다. 철은 원자핵이 가장 안정한 원소이며, 별 내부에서는 철까지 생성될 수 있습니다.

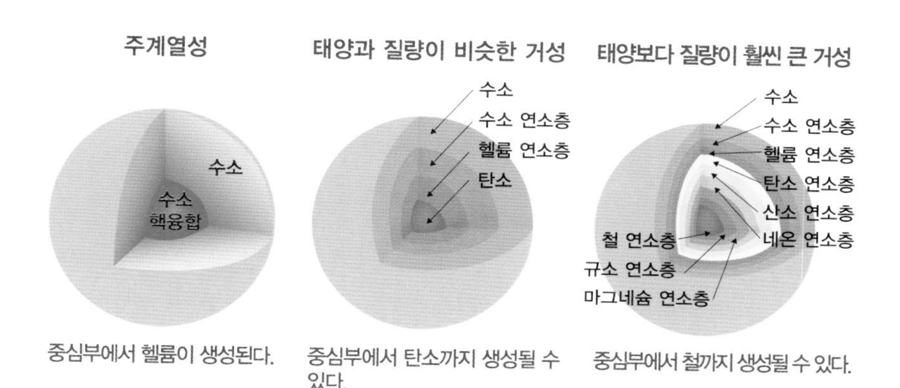

중심부에서 헬륨이 생성된다. 중심부에서 탄소까지 생성될 수 있다. 중심부에서 철까지 생성될 수 있다.

그렇다면, 철보다 무거운 금, 은, 납, 우라늄과 같은 원소는 어떻게 만들어질 수 있을까요? 철보다 무거운 원소들은 별의 중심에서 일어나는 핵융합 반응이 아니라 초신성 폭발 과정에서 만들어집니다.

별의 중심부에 철로 이루어진 핵이 만들어지면, 철은 더 이상 핵융합 반응이 일어나지 않으므로 급격한 수축이 일어납니다. 이때 철보다 위쪽에 놓여 있는 층에서 급격한 핵융합 반응이 한꺼번에 폭발적으로 일어나는데, 이를 초신성 폭발이라고 합니다. 초신성 폭발이 일어나면 별의 구성 물질 대부분을 밖으로 방출하는데, 이 과정에서 철보다 무거운 원자핵이 만들어집니다.

초신성 폭발 전과 후의 모습(SN1987A)

철보다 무거운 원소의 생성 과정

초신성 폭발이 일어날 때, 다량의 중성자가 방출되는데, 이때 중성자와 무거운 원자핵이 충돌하면서 철보다 무거운 원자(금, 은, 납 등)가 만들어진다.

별의 최종 진화 단계에서 외부 공간으로 방출된 물질들은 다시 성간 물질로 되돌아 갑니다. 따라서 수많은 별이 세대를 거듭해 태어나고 죽으면서 성간 물질에서 무거운 원소의 양이 조금씩 증가하게 되고, 우주 공간으로 퍼져나간 물질들은 새로운 세대의 별을 만드는 재료가 되며 지구와 같은 행성과 생명체를 만드는 재료가 되기도 합니다. 따라서 우주 공간에 별이 없었다면 지금과 같은 다양한 원소들이 존재할 수 없었을 것이고, 생명체의 탄생도 어려웠을 것입니다.

행성은 별이 탄생할 때 별과 함께 만들어집니다. 태양계의 경우도 성운에서 태양이 형성될 때, 태양계 행성들도 거의 동시에 형성되었습니다. 그런데 태양의 주성분은 수소와 헬륨이지만, 지구의 주요 성분은 수소와 헬륨이 아닙니다. 동일한 성운에서 만들어진 별과 행성의 주요 구성 원소가 차이 나는 까닭은 무엇인지 알아봅시다.

태양계의 형성에 대해서는 수많은 가설이 존재합니다. 그중에서 태양계의 특징을 잘 설명하는 대표적인 가설은 성운설입니다. 성운설은 성간 물질을 이루는 물질이 태양과 행성을 거의 동시에 형성한 것으로 설명하는데, 태양계를 구성하는 행성들은 모두 태양의 자전 방향과 같은 방향으로 공전한다는 점과 행성들의 공전 궤도면이 서로 거의 나란하다는 특징을 잘 설명해 줍니다.

성운설에 따르면 성간 물질 내부 중 밀도가 높은 영역에서 자체 중력으로 물질을 끌어당깁니다. 이때 성운은 수축하면서 서서히 회전합니다. 수축이 계속 진행되면 거의 대부분의 물질은 중심부에 모이고, 나머지 일부는 납작한 원반 모양을 이루게 됩니다.

성운의 중심부는 주위에 있는 기체와 먼지를 계속 끌어들이면서 원시 태양을 형성합니다. 원반에 모인 물질들은 점점 큰 입자를 이루며 여러 개의 고리를 형성합니다. 고리를 이루며 서로 뭉쳐져 수 km 크기의 수많은 미행성체를 형성하고, 이들이 서로 충돌하여 합쳐지면서 원시 행성을 형성합니다. 시간이 흘러 원시 태양과 원시 행성이 오늘날의 태양계 모습을 이루게 됩니다.

태양계 행성의 형성 과정은 태양으로부터의 거리에 따라 서로 다릅니다. 태양과 가까운 쪽에서는 주로 암석과 금속 성분의 미행성체가 뭉쳐 지구형 행성을 형성합니다. 태양에서 비교적 먼 지역에서는 암석뿐만 아니라 얼음 등 다양한 물질을 끌어들여 미행성체가 형성되었고, 미행성체가 충분히 커지면 주변의 수소와 헬륨까지도 끌어들여 거대한 기체 성분의 목성형 행성이 됩니다.

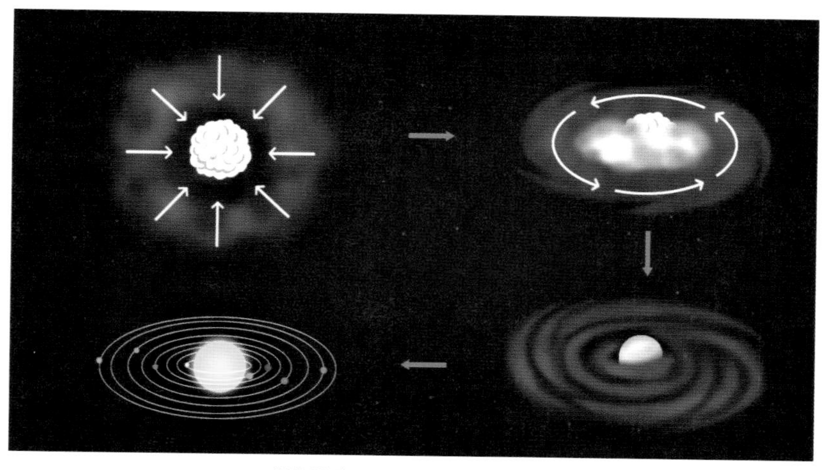

성운설에 근거한 태양계 형성 과정

이런 과정을 거쳐 태양계의 행성이 형성되었고, 그중 지구는 생명체가 탄생하여 진화하기에 적절한 환경을 갖추어 생명체가 존재하는 유일한 행성이 되었습니다. 결국, 지구의 생명체가 탄생하기까지는 빅뱅으로 시작하여 수소와 헬륨의 형성 과정, 별의 진화 과정에서 다양한 원소들의 형성, 태양계 탄생 과정을 거쳐 가능했던 것입니다.

원시 지구에서 어떤 과정을 거쳐 오늘날의 지각, 대기, 해양, 생명체를 갖춘 지구로 진화할 수 있었는지 알아봅시다.

원시 지구가 형성된 이후에도 미행성체들의 끊임없는 충돌이 있었습니다. 이 과정에서 발생한 열로 지표 온도가 상승하여 원시 지구의 지표가 녹아 마그마로 덮여 있는 마그마 바다를 형성하였습니다.

마그마 바다
미행성체의 충돌로 원시 지구는 바깥 부분이 거의 완전히 녹은 상태가 되었는데 이를 마그마 바다라고 한다. 마그마 바다는 깊이 수백km에 이르렀을 것으로 추정한다.

마그마 바다 상태에서 밀도가 큰 물질(주로 철 성분)들은 중력에 의해 지구 중심으로 가라앉아 핵을 형성하였고, 그 위쪽에는 암석 성분의 맨틀이 위치하였습니다. 가장 바깥쪽 겉부분에 밀도가 가장 작은 물질로 이루어진 지각이 형성되었습니다.

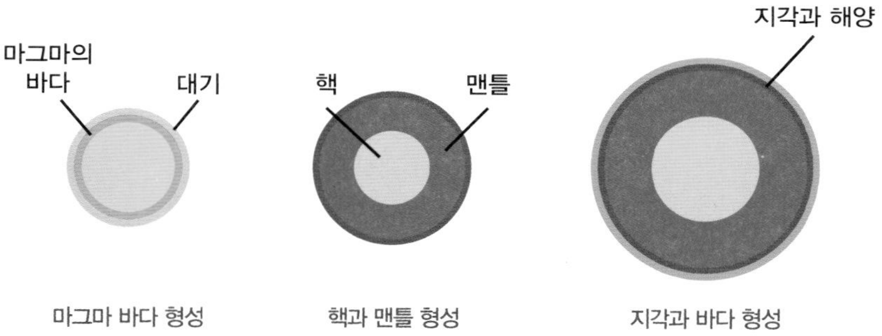

마그마 바다 형성 핵과 맨틀 형성 지각과 바다 형성

현재 지각을 구성하는 주요 원소는 산소, 규소, 알루미늄, 철, 칼슘, 나트륨, 칼륨, 마그네슘입니다. 이들 8개의 원소가 지각에서 차지하는 비율은 약 99%입니다. 한편, 지구 전체에서는 철이 가장 풍부합니다. 지표에 적은 철이 지구 전체에서 많은 이유는 규소와 같은 가벼운 암석 물질은 지각과 맨틀을 구성하였고 철과 같이 무거운 금속 원소가 중심부로 이동하여 핵을 구성하였기 때문입니다.

원시 지구의 초기에는 대기에 가장 풍부한 성분이 이산화 탄소와 수증기, 질소였습니다. 하지만 시간이 흐르면서 미행성체의 충돌이 감소하고, 원시 지각이 생성되면서 기온이 낮아졌고, 대기 중에 있던 많은 양의 수증기는 비가 되어 내렸습니다. 비는 지각을 구성하던 암석들 속의 칼슘, 마그네슘, 나트륨 등을 녹이면서 낮은 곳으로 흘러 내려가 바다를 형성하였습니다.

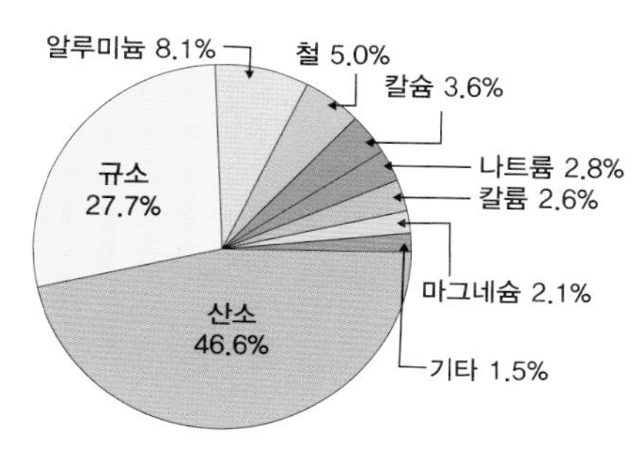

지각에 풍부한 원소

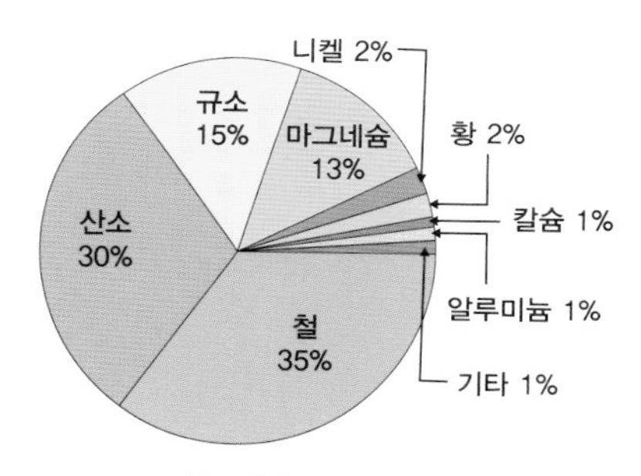

지구 전체에 풍부한 원소

바다가 형성된 이후, 대기 중에 가장 풍부했던 이산화 탄소가 녹아들어가 대기의 성분 중 가장 풍부한 성분은 질소로 바뀝니다. 또한, 바다에서 지구상에 최초로 생명체가 탄생했을 것으로 추정하고 있습니다. 가장 오래된 화석은 약 35억 년 전의 남세균 화석이므로 적어도 그 이전에 생명체가 탄생한 것으로 추정하고 있습니다. 광합성 생명체가 탄생한 이후 대기 중의 산소가 서서히 증가하여 현재는 산소가 질소 다음으로 풍부한 원소가 되었습니다.

남세균
지구상에 처음 등장한 광합성 생명체로 이들의 활동으로 약 35억 년 전에 만들어진 스트로마톨라이트 화석이 발견되었다.

연습문제 1

주계열성의 중심부에서 생성되는 원자핵의 종류는 무엇인가?

정답 및 풀이

헬륨

주계열성의 중심부에서는 수소 핵융합 반응으로 헬륨 원자핵이 생성된다.

연습문제 2

태양과 질량이 비슷한 별은 최종 진화 단계에서 어떤 종류의 원자핵이 생성되는가?

정답 및 풀이

탄소(일부 산소)

태양과 질량이 비슷한 거성에서는 헬륨 핵융합 반응까지 일어날 수 있으므로 탄소 원자핵(일부 산소 원자 핵)까지 생성될 수 있다.

연습문제 3

질량이 매우 큰 별에서 최종적으로 생성될 수 있는 원자핵의 종류는 무엇인가?

정답 및 풀이

철

질량이 큰 별의 내부에서는 핵융합 반응으로 철까지 생성될 수 있다.

연습문제 4

철보다 무거운 원소는 어떤 과정에서 만들어지는가?

정답 및 풀이

초신성 폭발

철보다 무거운 원소는 초신성 폭발 과정에서 형성된다.

연습문제 5

지구형 행성과 목성형 행성 중 밀도가 더 큰 행성은 무엇인가?

정답 및 풀이

지구형 행성

지구형 행성은 암석과 금속 성분, 목성형 행성은 주로 가스(수소와 헬륨) 성분으로 이루어져 있다.

연습문제 6

지각에서 가장 풍부한 원소와 지구 전체에서 가장 풍부한 원소의 종류가 다른 까닭을 설명하시오.

정답 및 풀이

지구 내부는 서로 다른 성분으로 이루어진 층상 구조를 갖고 있기 때문에 지각과 핵의 주요 구성 성분이 다르다. 지각에는 상대적으로 가벼운 성분(산소, 규소 등)이 풍부하고, 핵에는 상대적으로 무거운 성분(철, 니켈 등)이 풍부하다.

정리

지구와 생명체를 이루는 원소는 어떻게 생성되었을까?

원소의 생성 과정

· 주계열성 : 중심부에서 수소 핵융합 반응이 일어나는 별, 수소 핵융합 반응이 일어나 헬륨 원자핵이 생성된다.
· 거성 : 태양 정도의 별은 중심부에 탄소핵이 생성되고, 태양보다 질량이 훨씬 큰 별은 최종적으로 철까지 생성된다.
· 초신성 폭발 : 질량이 태양보다 훨씬 큰 별은 최종 단계에서 강력한 폭발이 일어나고, 이때 철보다 무거운 원소(금, 우라늄 등)가 생성된다.

별의 진화 과정이 반복되면서 성간 물질에 포함된 무거운 원소의 비율은 점차 증가한다.

태양계의 형성 : 약 46억 년 전 성운이 수축하여 원시 태양과 많은 미행성체를 형성하였고, 미행성체의 충돌과 성장을 거쳐 원시 행성을 형성하였다.

· 태양으로부터 가까운 곳 : 지구형 행성(암석과 금속 성분)
· 태양으로부터 먼 곳 : 목성형 행성(주로 기체 성분)

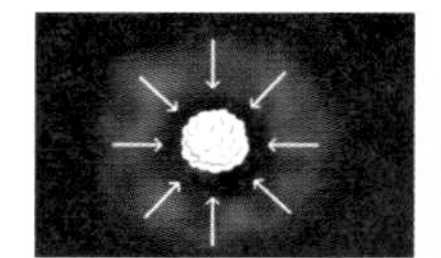
성운 수축

태양계 원반 형성

원시 태양과 미행성체 형성

태양계 형성

원시 지구의 형성

· 미행성체 충돌 → 핵과 맨틀의 분리 → 원시 지각 형성 → 원시 해양 형성
· 바다가 형성된 이후 이산화 탄소는 급격히 감소하였고, 산소는 원시 광합성 생명체가 탄생한 이후에 증가하였다.
· 지구의 구성 물질 : 지각에 가장 풍부한 물질은 산소이고, 지구 전체에서 가장 풍부한 물질은 철이다.

지각과 생명체 구성 물질의 결합 규칙성

핵심 질문

지각과 생명체 구성 물질의 결합 규칙성은 무엇일까?

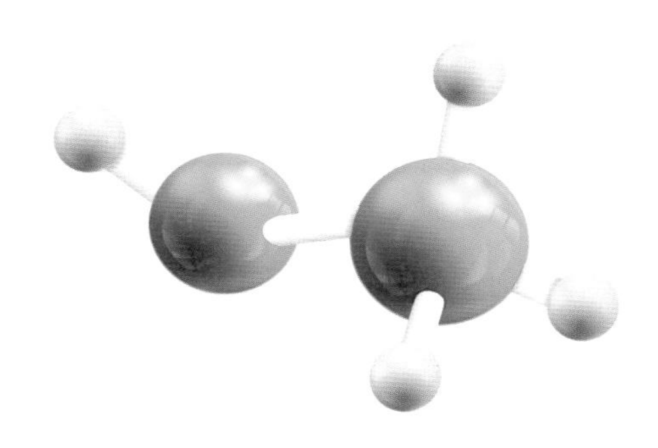

자연계에는 90여 가지의 원소가 있으나, 지각과 생명체의 구성에 이용되고 있는 원소는 약 30가지입니다. 즉 30여 개 원소가 특정한 규칙에 따라 결합하여 수없이 다양한 화합물을 형성하고 있는 셈입니다. 지각과 생명체를 구성하는 물질들은 어떤 규칙에 따라 결합되어 있는지 알아봅시다.

먼저 지각과 생명체(사람)를 구성하는 원소들의 비율을 비교해 보면, 188쪽 〈그림 1〉과 같이 지각을 구성하는 가장 풍부한 원소는 산소와 규소이고, 인체를 구성하는 가장 풍부한 원소는 산소와 탄소입니다.

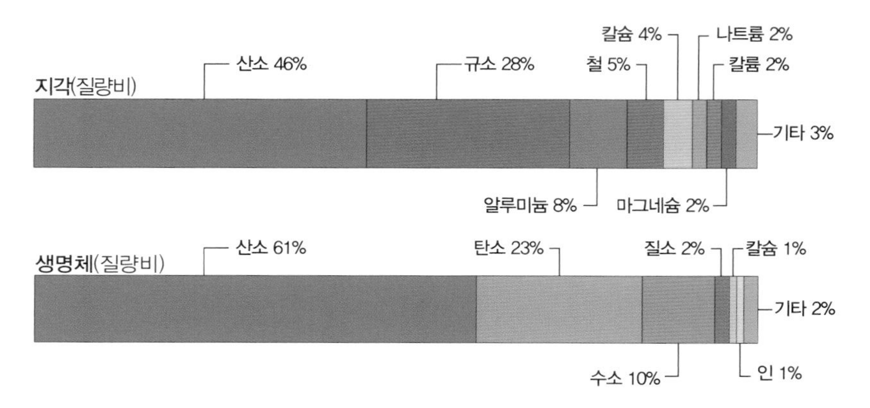

〈그림 1〉 지각과 생명체(인체)의 구성 원소

지각을 구성하는 광물은 산소와 규소를 중심으로 한 화합물로 구성되어 있고, 인체의 경우 주요 성분인 물(산소, 수소)을 제외하면, 주로 탄소를 중심으로 한 화합물로 이루어져 있다는 것을 알 수 있습니다.

지구에는 다양한 종류의 암석들이 있지만, 암석을 구성하는데 이용되는 광물의 종류는 20여 개뿐입니다. 특히 암석을 형성하는 전체 광물의 약 92%는 규산염 광물입니다. 규산염 광물은 SiO_4 사면체를 기본 구조로 하는 광물을 말합니다. 규소는 〈그림 2〉와 같이 원자가 전자가 4개라서 산소 4개와 공유 결합할 수 있기 때문에 중심에 규소(Si) 1개가 산소(O) 4개와 결합하여 〈그림 3〉과 같이 사면체 형태를 가지는데, 이를 SiO_4 사면체라고 합니다.

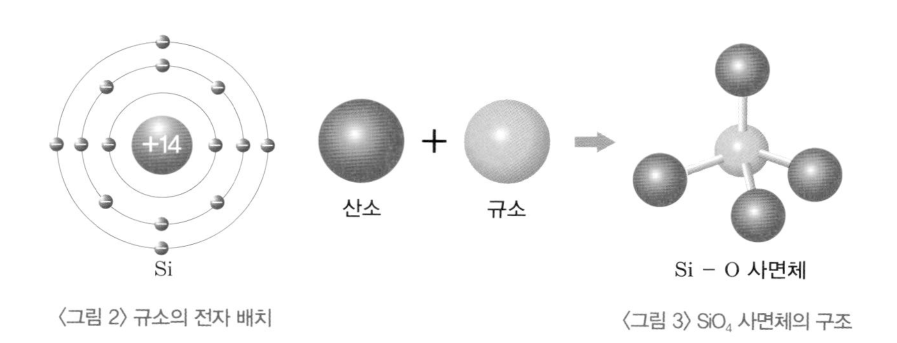

〈그림 2〉 규소의 전자 배치

〈그림 3〉 SiO_4 사면체의 구조

하나의 SiO_4 사면체가 다른 SiO_4 사면체와 결합하지 않고 독립적으로 존재할 수도 있고, 다른 SiO_4 사면체와 산소 이온을 공유하면서 단일 사슬, 이중 사슬, 판상, 망상 형태 등의 다양한 광물 구조를 형성하기도 합니다. 이와 같은 규산염 사면체들의 결합 구조에 따라 감람석, 휘석, 각섬석, 흑운모, 석영 등의 규산염 광물이 만들어집니다.

다양한 규산염 광물의 결합 구조와 광물의 예

	독립상	단일 사슬	이중 사슬	판상	망상
결합 구조					
광물	감람석	휘석	각섬석	흑운모	석영

지각을 구성하는 암석과 광물에서 규소가 중요한 역할을 하는 것처럼 생명체 구성 물질에서는 탄소가 중요한 역할을 합니다. 탄소 원자는 원자가 전자가 4개이므로 바깥쪽 전자 껍질에 4개의 전자가 들어 있습니다. 따라서 최대 4개의 공유 결합이 가능합니다. 예를 들면 하나의 탄소가 4개의 수소와 공유 결합하면 정사면체 구조의 메테인(CH_4) 분자가 만들어냅니다.

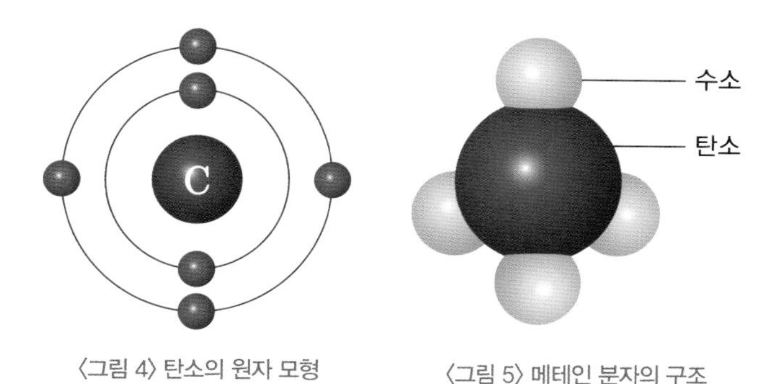

〈그림 4〉 탄소의 원자 모형 〈그림 5〉 메테인 분자의 구조

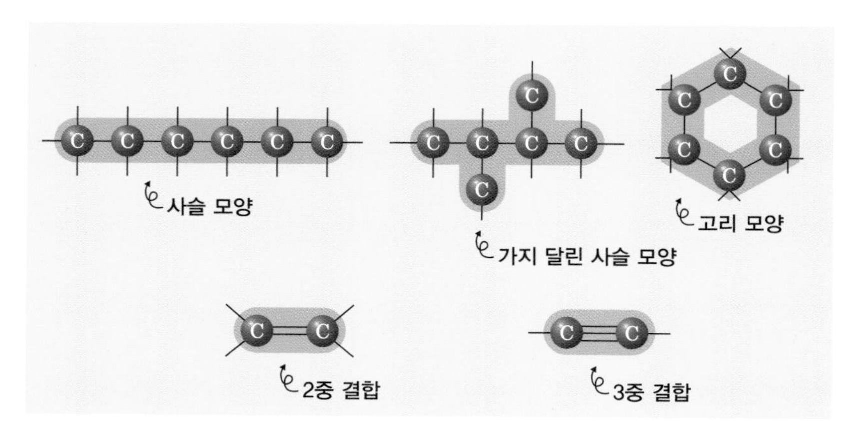

〈그림 6〉 탄소 화합물의 결합 방식

탄소는 〈그림 6〉과 같이 다른 탄소와 공유 결합하여 사슬 모양, 가지 모양, 고리 모양 등의 기본 골격을 만들 수 있으며, 여기에 수소, 산소, 질소, 황 등의 여러 원소와 결합하여 복잡한 탄소 화합물을 형성할 수 있습니다.

지각과 생명체를 구성하는 주요 물질은 각각 규산염 사면체와 탄소를 기본 골격으로 여러 가지 원소들이 결합되어 만들어집니다. 이와 같이 지각을 구성하는 주요 광물(규산염 광물)과 생명체를 구성하는 주요 물질(단백질, 지질, 탄수화물 등)의 결합에는 동일한 규칙성이 존재합니다.

연습문제 1

지각을 구성하는 원소 중 가장 많은 질량을 차지하는 원소는 무엇인가?

정답 및 풀이

산소

지각에 풍부한 원소는 산소 〉 규소 〉 알루미늄 〉 철 〉 칼슘 〉 나트륨 〉 칼륨 〉 마그네슘이다.

연습문제 2

암석을 이루는 광물 중 가장 큰 비율을 차지하는 광물은 무엇인가?

정답 및 풀이

규산염 광물

규산염 광물은 암석을 이루는 전체 광물 중 90% 이상을 차지한다.

연습문제 3

생명체를 구성하는 주요 화합물에서 중심 골격을 형성하는 원소는 무엇인가?

정답 및 풀이

탄소

생명체를 구성하는 성분은 대부분 탄소 화합물이며, 탄소 화합물은 탄소를 기본 골격으로 이루어져 있다.

연습문제 4

규소와 탄소의 각각 최대 몇 개의 공유 결합이 가능한가?

정답 및 풀이

4개

탄소와 규소는 모두 원자가 전자가 4개이다.

정리

지각과 생명체 구성 물질의 결합 규칙성은 무엇일까?

지각과 생명체(인체)의 구성 성분

- 지각에 공통으로 많이 포함된 원소 : 산소 〉 규소 〉 …
- 생명체에 공통으로 많이 포함된 원소 : 산소 〉 탄소 〉 …

지각을 이루는 물질의 결합 규칙성

- SiO_4 사면체(규산염 사면체) : 규소 원자 1개와 산소 원자 4개가 결합한 정사면체 모양
- 규산염 광물 : SiO_4 사면체를 기본 골격으로 하는 광물. 지각을 구성하는 암석은 대부분 규산염 광물로 이루어져 있다.

독립상	단일 사슬	이중 사슬	판상	망상

생명체를 이루는 물질의 결합 규칙성

- 탄소는 다른 탄소 원자와 결합할 때 단일 결합, 이중 결합, 삼중 결합을 할 수 있으며, 사슬 모양, 가지 모양, 고리 모양 등의 다양한 기본 골격을 이룰 수 있다.

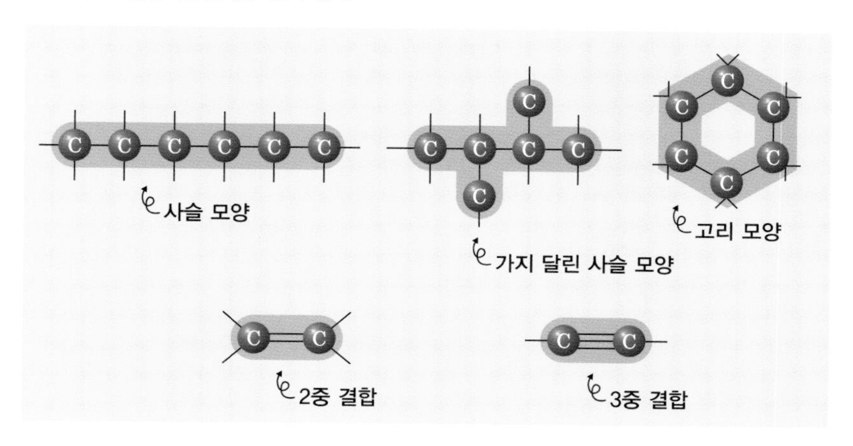

- 탄소를 중심으로 한 기본 골격에 수소, 산소, 질소, 황 등이 결합하여 다양한 탄소 화합물이 만들어진다.
- 생명체를 구성하는 주요 화합물은 모두 탄소 화합물이다.

지구 시스템의 구성 요소

핵심 질문

생명체가 존재하는 지구 시스템의 특징은 무엇일까?

우주에서 바라본 지구는 다른 행성과 전혀 다른 모습으로 보입니다. 이는 지구를 구성하고 있는 요소들이 다르기 때문인데요. 이런 요소 간의 상호 작용으로 지구는 태양계에서 유일하게 생명체가 존재할 수 있는 행성이 될 수 있었습니다. 지구 시스템을 구성하는 요소와 이들의 상호 작용에 대해 알아봅시다.

1. 생명체가 존재하는 지구 시스템

2개 이상의 구성 요소로 이루어져 있고, 각 요소들이 서로 영향을 주고받고 있을 때, 이를 시스템이라고 합니다. 시스템의 예로 태양계, 생태계 등이 있습니다. 시스템은 여러 가지 요소들로 이루어져 있는데, 어느 요소 하나가 그 자체로 작은 시스템인 경우도 많습니다. 예를 들어 지구는 태양계라는 커다란 역학적 시스템에 속한 구성 요소이면서 동시에 그 자체로 하나의 시스템입니다.

생명체 존재의 필수 조건
과학자들은 생명체가 존재하기 위한 가장 필수적인 조건은 액체 상태의 물이라고 생각하고 있다.

지구는 태양계에서 유일하게 생명체를 포함하고 있습니다. 현재까지 지구 이외에서 생명체의 존재가 확인된 천체는 없습니다. 그렇다면, 태양계에서 왜 지구에만 생명체가 존재할 수 있는 것일까요?

과학자들은 생명체가 존재하기 위한 중요한 조건으로 액체 상태의 물, 항성 에너지, 대기, 행성 자기장 등을 말합니다.

먼저, 액체 상태의 물은 여러 가지 물질을 녹일 수 있어서 생명체에게 필요한 물질을 쉽게 흡수할 수 있게 해주며, 비열이 높아 온도 유지에도 중요한 역할을 합니다. 또한, 항성에서 일정한 양의 에너지가 공급되어야 생명 활동이 유지될 수 있습니다. 대기는 알맞은 온실 효과를 일으키고 유해한 자외선을 차단해 주는 역할을 하는 데 꼭 필요합니다. 행성의 자기장은 항성과 우주에서 들어오는 방사선을 차단해 주는 보호막 역할을 합니다. 이런 점에서 지구 환경은 생명체에게 최상의 환경 조건을 제공해 주고 있습니다.

2. 지구 시스템의 구성 요소

지구 시스템을 구성하는 요소들을 5개의 권역으로 나눌 수 있는데, 이들 5개의 권역은 기권, 지권, 수권, 생물권, 외권입니다. 각 권역은 독립적

지구 시스템의 구성 요소
외권은 다른 구성 요소와 비교해 상대적으로 상호 작용이 적기 때문에 지구 시스템의 구성 요소를 외권을 제외하고 지권, 기권, 수권, 생물권으로 설명하는 경우가 많다.

지구 시스템의 구성 요소

기권

지권

수권

생물권

외권

으로 존재할 수 없으며, 서로 다른 권역들과 유기적으로 연결되어 있습니다. 각 권역들은 에너지와 물질 교환을 통해 다양한 방식으로 상호 작용하고 있습니다.

1) 기권

지구 표면을 둘러싸고 있는 지표~약 1,000km까지의 대기층을 기권이라고 합니다. 기권을 구성하는 기체의 성분은 주로 질소와 산소입니다. 기권을 구성하는 기체들은 중력의 영향으로 지표 가까운 곳에 집중되어 있으며 고도가 높아질수록 그 양이 급격하게 감소합니다.

기권은 온도 구조에 따라 대류권, 성층권, 중간권, 열권으로 구분합니다. 대류권은 높이 약 0~11km까지의 영역으로 높이가 증가할수록 온도가 감소합니다. 또한, 공기의 혼합이 활발하게 일어나며, 대부분의 기상 현상이 일어납니다. 성층권은 높이 약 11km~50km에 해당하는 영역으로 높이가 증가할수록 온도가 증가합니다. 이는 성층권에 있는 오존이 태양으로부터 오는 자외선을 흡수하기 때문입니다. 중간권은 높이 약 50km~80km에 해당하는 영역으로 높이가 증가할

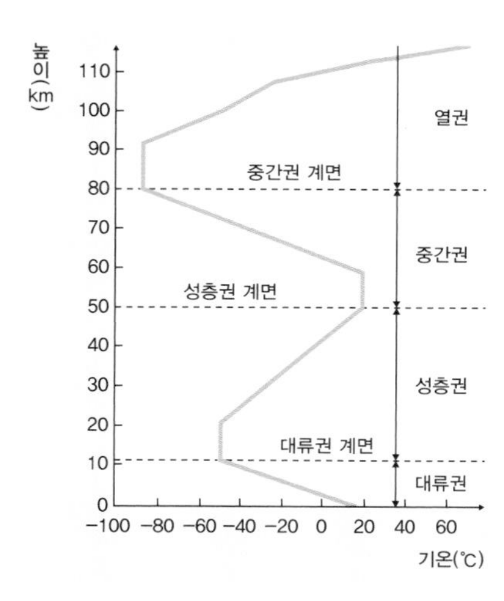

기권의 층상 구조

수록 온도가 다시 감소합니다. 기권의 가장 바깥쪽 층인 열권에서는 고도가 높아짐에 따라 온도가 상승하는데, 대기가 매우 희박하여 일교차가 크게 나타납니다.

기권은 지구 시스템의 에너지 평형과 생태계 유지에 중요한 역할을 합니다. 특히 기권에서 일어나는 날씨의 변화는 지구 시스템의 에너지 평형에 기여하는 역할을 하며, 태양의 유해한 자외선이 지표면에 도달하지 못하도록 차단하며 생명체의 호흡에 필요한 기체를 공급하기도 합니다.

2) 지권

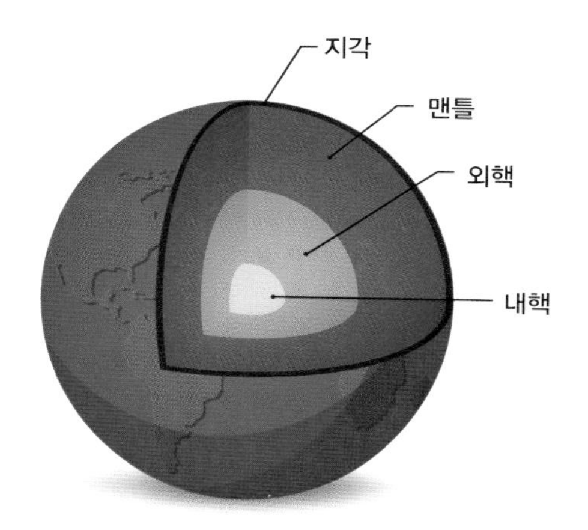

지권의 층상 구조

지권은 반지름 약 6,400km의 고체 지구 영역으로, 지각, 맨틀, 외핵, 내핵으로 구분합니다. 지표면 바로 아래층인 얇은 지각은 대륙에서는 평균 두께가 약 35km이고, 해양에서는 평균 두께가 약 6km입니다. 지각 아래 지하 약 2,900km 깊이까지 분포하는 맨틀은 지권에서 가장 큰 부피를 차지하는 층입니다. 맨틀은 방사성 원소의 붕괴 열이 축적되면서 매우 느린 속도로 대류가 일어납니다. 지구의 가장 안쪽에 있는 핵은 주로 철과 니켈을 포함하고 있으며 상태에 따라 액체로 된 외핵과 고체로 된 내핵으로 구분됩니다.

지권은 지구상에 존재하는 대부분 생명체의 서식 공간과 생명을 유지하는데 필요한 영양분을 제공하며, 인간 생활에 필요한 다양한 광물 자원 및 에너지 자원을 공급합니다.

3) 수권

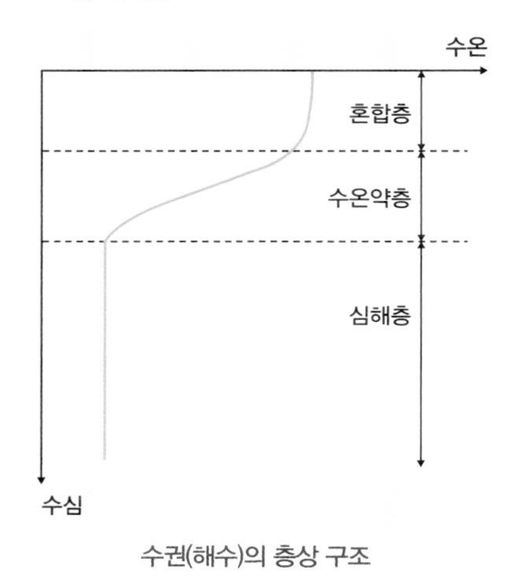

수권(해수)의 층상 구조

지구상에 분포하는 물을 수권이라고 합니다. 수권의 물 중 약 97%는 해수가 차지하고 나머지는 대부분 빙하와 지하수가 차지합니다. 해수는 깊이에 따른 수온 분포를 기준으로 혼합층, 수온약층, 심해층으로 구분합니다. 혼합층은 표층 해수의 혼합에 의해 형성되는 층으로, 깊이에 따라 수온이 거의 일정한 층입니다. 한편, 수온약층은 수심이 깊어질수록 수온이 낮아지는 층으로 대류 운동이 거의 일어나지 않는 안정한 층입니다. 심해층은 깊이에 따른 수온 변화가 나타나지 않는 층으로 계절에 따른 수온 변화가 없는 층입니다

지구 표면의 약 71%는 바다로 덮여 있습니다. 지구가 다양한 생명체가 존재하는 특별한 행성이 된 것은 지구 표면에 풍부하게 존재하는 물 때문이라고 할 수 있습니다. 수권의 물은 끊임없이 움직입니다. 지표면의 물이 증발하여 대기로 이동하고 구름을 만들어 비가 되어 내리면서 다시 바다로 이동하는 등 수권의 물은 지구 곳곳을 순환하고 이동하는 과정에서 지권이나 기권 등과 상호 작용하여 독특한 지형을 만들고 기상 현상을 일으키며, 생명체에게 신선한 물을 제공하기도 합니다.

4) 생물권

인간을 포함한 지구상의 모든 생물과 거주 공간을 생물권이라고 합니다. 생물권의 영역은 지권, 기권, 수권의 영역과 공간적으로 겹쳐 있으며, 생명체가 지구상에 최초로 출현한 이후부터 현재까지 다양한 방식으로 환경에 적응하면서 생물권의 공간 분포 영역을 점점 확대시켜 왔습니다. 최근 들어 인간 활동이 지구 시스템의 구성 요소들에 미치는 영향력이 점차 커지는 추세입니다.

5) 외권

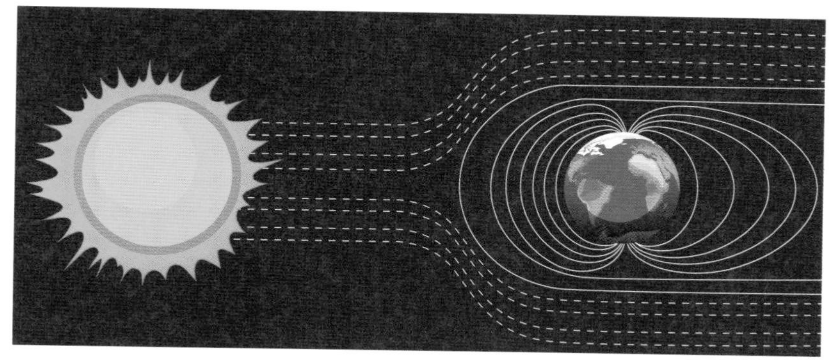

지구 자기권의 태양풍 차단

지구를 둘러싸고 있는 지구 대기권의 바깥 영역을 외권이라고 합니다. 외권은 지구 시스템의 나머지 권역과의 물질 교환이 거의 없지만, 에너지의 출입은 지속적으로 이루어지고 있습니다. 외권에 속하는 지구의 자기권은 태양으로부터 날아오는 고에너지 입자들을 차단해 생명체를 보호해 줍니다.

3. 지구 시스템의 상호 작용

두 가지 이상의 물체나 대상이 서로 영향을 주고받는 현상을 상호 작용이라고 합니다. 상호 작용은 한쪽 방향으로만 나타나는 '인과 관계'와는 다른 개념이며, 항상 양쪽 방향으로 서로에게 영향을 주고받는 특성이 있습니다. 따라서 상호 작용하는 시스템에서 어떤 현상이 한 권역에서 발생하면, 그 변화는 상호 작용하는 다른 모든 권역에도 영향을 미치게 됩니다. 아래 그림은 지구 시스템을 구성하는 요소들 사이의 상호 작용을 모식적으로 나타낸 것입니다.

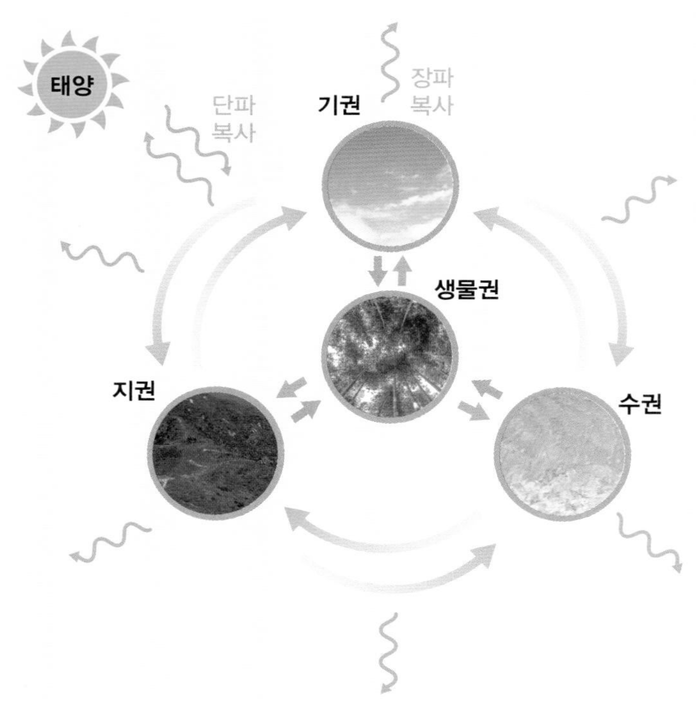

지구 시스템의 상호 작용

지구 시스템 내에서 일어나는 다양한 상호 작용 중 특히 기권과 수권 사이에서 일어나는 상호 작용은 지구 전체의 에너지 흐름에 중요한 역할을 합니다. 예를 들어, 따뜻한 바다에서 발생한 열대 저기압이 고위도로 이동하는 동안, 막대한 양의 열에너지를 흡수한 수증기가 기권을 통해 고위도로 에너지를 전달해줍니다. 이는 열대 해상의 과잉 에너지를 고위도로 재분배하여 지구 시스템의 에너지 평형에 기여하는 역할을 하는 것입니다.

기권과 수권에서 이루어지는 에너지 흐름은 지구 시스템 내에서의 에너지 불균형을 완화시키고, 그로 인해 에너지가 부족한 고위도에도 다양한 생명체가 존재할 수 있도록 해주고 있습니다.

연습문제 1

지구 시스템에 생명체가 존재할 수 있는 가장 필수적인 조건은 무엇인가?

정답 및 풀이

액체 상태의 물

지구는 물이 액체 상태로 존재하는 유일한 행성이다.

연습문제 2

기권의 층상 구조 중 가장 안정한 층은 무엇인가?

정답 및 풀이

성층권

성층권은 높이 올라갈수록 온도가 높아지므로 대류가 거의 일어나지 않는 안정한 층이다.

연습문제 3

해수를 혼합층, 수온약층, 심해층으로 구분하는 기준은 무엇인가?

정답 및 풀이

깊이에 따른 수온 분포

해수는 깊이에 따른 수온 분포를 기준으로 혼합층, 수온약층, 심해층으로 구분한다.

연습문제 4

지권에서 물질의 상태가 액체인 영역은 어디인가?

정답 및 풀이

외핵

지권은 지각, 맨틀, 외핵, 내핵으로 구분할 수 있으며, 이중 외핵은 액체 상태로 존재한다.

연습문제 5

황사 발생은 어느 권역과 어느 권역 사이의 상호 작용으로 발생하는가?

정답 및 풀이

기권과 지권

황사는 바람에 의해 건조한 지표면에서 모래 먼지가 상층으로 이동하여 발생한다.

생명체가 존재하는 지구 시스템의 특징은 무엇일까?

지구 시스템 : 기권, 지권, 수권, 생물권, 외권으로 구성

기권	지구를 둘러싸고 있는 두께 약 1,000km의 대기층
지권	단단한 고체 지각과 지구 내부를 포함하는 영역
수권	지구상의 물(해수, 빙하, 지하수, 강과 호수 등)
생물권	지구상의 모든 생물과 분포하고 있는 공간
외권	지구 대기권 밖의 우주 공간

생명체가 존재하는 지구 : 지구는 태양으로부터 적절한 복사 에너지가 입사하여, 액체 상태의 물이 존재한다. 또한, 적절한 대기층과 행성 자기장이 존재한다.

지구 시스템의 각 권역의 층상 구조

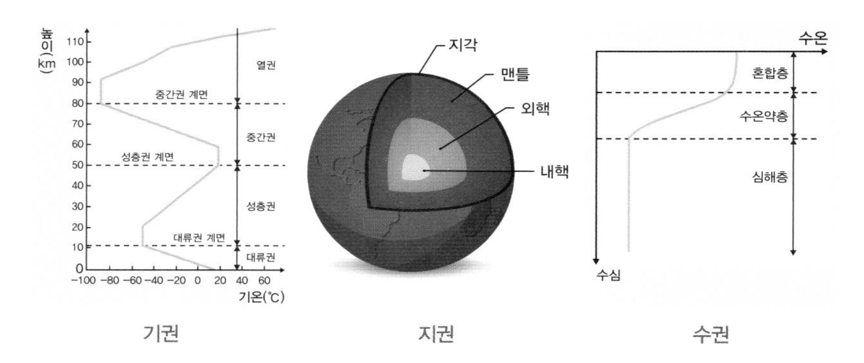

기권 지권 수권

지구 시스템의 상호 작용

- 지구 시스템의 각 구성 요소는 서로 영향을 주고받는다.
- 각 권역 사이에는 상호 작용을 통해 에너지와 물질이 끊임없이 순환한다.

지구 시스템의 에너지와 물질 순환

핵심 질문

지구 시스템에서 에너지와 물질은 어떻게 순환할까?

시계가 정확하게 작동하기 위해서는 여러 개의 부품이 조금의 오차도 없이 잘 맞물려 돌아가야 합니다. 하지만 톱니바퀴와 나사가 아무리 잘 맞추어져 있어도 에너지원이 없다면 시각을 정확하게 알려줄 수 있을까요? 어떤 시스템이든지 올바르게 작동하려면 에너지원이 필요합니다. 지구 시스템의 에너지원은 어떤 것들이 있는지 알아봅시다.

1. 지구 시스템의 에너지원

지구 시스템에서 일어나는 다양한 상호 작용과 그에 따른 변화는 에너지원이 필요합니다. 지구 시스템을 마치 살아있는 생명체처럼 역동적인 변화를 가능하게 해주는 에너지원은 3가지가 있는데, 태양 에너지, 지구 내부 에너지, 조력 에너지입니다.

태양 에너지는 지구 시스템에 작용하는 에너지 중 가장 많은 양을 차지하면서 생물체가 생명을 유지하는데 근원이 됩니다. 태양 에너지는 기권의 대기를 가열시켜 바람을 일으키고 수권의 물을 증발시켜 날씨의 변화가 나타나도록 합니다. 또한, 태양 에너지는 바람이나 유수를 통해 지권의 모습을 변화시키고 생명체가 서식할 수 있는 적절한 온도의 환경을 제공하면서 식물의 광합성 작용 등을 통하여 물질의 순환에 직접적으로 관여합니다.

지구는 깊이 들어갈수록 온도가 높아지므로 지구 내부에서 지표로 열에너지가 이동하는데, 지구 내부로부터 공급되는 에너지를 지구 내부 에너지라고 합니다. 지구 내부 에너지의 근원은 지권에 포함되어 있는 방사성 원소가 붕괴할 때 발생하는 열과 지구가 생성될 당시 미행성체가 충돌할 때 발생한 열입니다. 지구 내부 에너지는 맨틀 대류를 통해 판을 이동시키는 원동력을 제공하고, 지진이나 화산 활동 등의 지각 변동을 일으키기도 하며, 대규모의 습곡 산맥을 형성시키는 근원 에너지입니다.

조력 에너지는 달과 태양의 인력에 의해 생기는 에너지입니다. 조력 에너지는 밀물과 썰물을 일으켜 해수면 높이를 변하게 하며, 갯벌 형성 등을 통해 해안 생태계와 지형 변화에 영향을 줍니다.

날씨 변화와 지표의 풍화·침식, 광합성의 에너지원은 태양 에너지이다.

화산 활동, 지진의 에너지원은 지구 내부 에너지이다.

갯벌을 형성한 에너지원은 조력 에너지이다.

지구 시스템에 영향을 주는 에너지원의 크기를 비교해 보면 태양 에너지가 가장 크고, 지구 내부 에너지와 조력 에너지는 태양 에너지에 비해 그 양이 매우 적습니다. 하지만 에너지양의 많고 적음에 관계없이 지구 환경에 미치는 영향은 3가지 모두 매우 큽니다.

2. 탄소의 순환

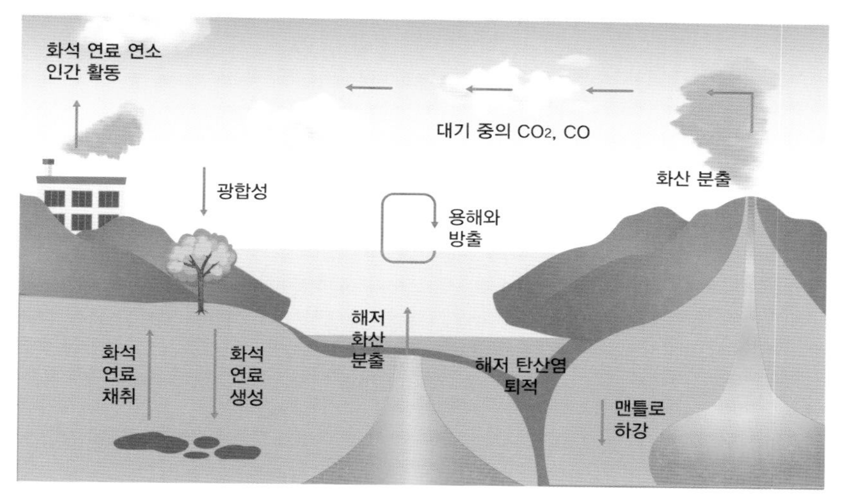

탄소 순환

생명체의 근간이 되는 탄소는 지구 시스템의 각 권역에 다양한 형태로 존재합니다. 기권에서는 주로 이산화 탄소로, 수권에서는 탄산염 물질로, 생물권에서는 유기물 형태로, 지권에서는 석회암 또는 화석 연료 형태로 존재합니다. 탄소는 한 권역에 머무르지 않고 상호 작용을 통해 다른 권역으로 이동하면서 균형을 이루고 있는데, 이처럼 탄소가 지구 시스템의 각 권을 따라 순환하는 현상을 탄소 순환이라고 합니다.

기권의 탄소는 식물의 광합성을 통해 생물권으로 이동하였다가 식물이나 동물의 사체가 땅속에 매몰되면서 지권의 일부가 됩니다. 또한, 기권의 탄소는 해수에 용해되어 수권으로 이동하기도 하는데, 수권의 탄소 중 일부는 해저에 침전되어 석회암을 형성하거나, 수중 생명체에 흡수되기도 합니다. 지권의 탄소는 화산 분출을 통해 기권으로 이동하고, 인간이 화석 연료를 사용하는 과정에서 기권으로 방출됩니다. 특히 기권의 이산화 탄소는 온실 효과를 일으키는 기체이므로 최근의 지구 온난화에 큰 영향을 미치고 있습니다.

3. 물의 순환과 지표의 변화

물의 순환

물은 생물권의 유지에 필수적인 물질로, 지구 시스템 내에서 에너지를 운반하는 중요한 수단입니다. 액체인 물이 증발하여 수증기가 될 때는 열에너지를 흡수하고, 기체인 수증기가 응결되어 물방울이 될 때는 열에너지를 방출합니다.

물 대부분은 수권에 존재하지만, 기권, 지권, 생물권에도 일부 존재하며, 지구 시스템의 각 권역 사이를 끊임없이 이동합니다. 이 과정에서 에너지도 함께 이동하여 지구 시스템의 에너지 불균형을 해소하는 데 큰 역할을 합니다.

태양 에너지를 흡수한 수권의 물이 증발하여 기권으로 이동합니다. 기권의 수증기는 응결하여 구름을 형성한 후, 비나 눈의 형태로 다시 수권으로 되돌아가는데, 이를 강수라고 합니다. 지표에 떨어진 물은 식물의 뿌리에 흡수되기도 하고, 지하로 스며들거나 지표를 따라 바다로 흘러가면서 지표를 다양하게 변화시킵니다.

지표를 따라 흐르는 하천수와 지하로 이동하는 지하수, 오랫동안 쌓인 눈이 만들어 낸 빙하는 모두 높은 곳에서 낮은 곳으로 이동하면서 암석을 침식시키고 지형을 변화시킵니다. 이 과정에서 토양과 암석의 틈으로 흡수된 물은 풍화 작용을 일으킵니다.

아래 그림은 물의 순환 과정에서 형성될 수 있는 다양한 사례입니다. 석회 동굴은 지하수에 의한 침식 지형, 곡류와 V자곡은 하천수에 의한 침식 지형, U자곡은 빙하에 의한 침식 지형에 해당합니다.

석회 동굴

곡류

물의 순환 과정에 의한 지표의 변화

생명체의 생명 활동이 유지되려면 끊임없이 물질과 에너지의 공급이 이루어져야 합니다. 현재 지구 시스템에서 일어나는 다양하고 복잡한 형태의 물질 순환과 에너지 흐름은 생명 현상이 안정적으로 지속되기에 매우 적절한 평형 상태를 유지하고 있습니다.

연습문제 1

지구 시스템의 에너지원 3가지는 무엇인가?

정답 및 풀이

태양 에너지, 지구 내부 에너지, 조력 에너지

연습문제 2

지구 시스템의 에너지원 중에서 가장 많은 양을 차지하는 것은 무엇인가?

정답 및 풀이

태양 에너지

지구 시스템의 에너지원을 크기순으로 나열하면 태양 에너지 > 지구 내부 에너지 > 조력 에너지이다.

연습문제 3

탄소가 지권에서 기권으로 이동하는 사례를 예를 들어 설명하시오.

정답 및 풀이

화산 활동으로 화산 가스가 방출될 때, 지권의 탄소가 이산화 탄소 형태로 기권으로 이동한다.

연습문제 4

물의 순환을 일으키는 주요 에너지원은 무엇인가?

정답 및 풀이

태양 에너지

물의 순환을 일으키는 주요 에너지원은 태양 에너지이다.

연습문제 5

하천수, 지하수, 빙하에 의해 만들어지는 침식 지형을 각각 1가지씩 쓰시오.

정답 및 풀이

V자곡(또는 곡류), 석회 동굴, U자곡

정리

지구 시스템에서 에너지와 물질은 어떻게 순환할까?

지구 시스템의 에너지원은 태양 에너지, 지구 내부 에너지, 조력 에너지이다.

· 크기 : 태양 에너지 〉 지구 내부 에너지 〉 조력 에너지

· 에너지원과 관련된 현상

구분	현상
태양 에너지	물과 대기의 순환, 날씨 변화
지구 내부 에너지	맨틀 대류, 화산 활동과 지진
조력 에너지	밀물과 썰물

지구 시스템의 에너지 순환 : 저위도 지방은 에너지가 과잉, 고위도 지방은 에너지 부족 상태이지만 지구 시스템에서의 에너지 흐름을 통해 지구는 전체적으로 에너지 평형을 이루고 있다.

탄소 순환 : 지구 시스템에서 탄소는 다양한 형태로 존재하며, 각 구성 요소 간의 상호 작용을 통해 끊임없이 순환한다.

권역	탄소의 주요 형태
기권	이산화 탄소
수권	탄산 이온
지권	탄산염 광물, 화석 연료
생물권	유기물(탄소 화합물)

물의 순환 : 물의 순환 과정에서 지표를 변화시키고, 지구 시스템의 에너지 순환에 중요한 역할을 한다.

지권의 변화

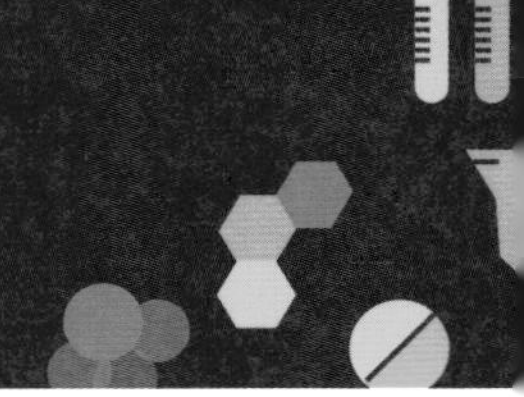

핵심 질문

지권의 변화는 지구 시스템에 어떤 영향을 줄까?

1902년 카리브해의 마르티니크섬에서 일어난 몽펠레 화산 폭발로 3만여 명의 사망자가 발생했습니다. 해발 약 1,400m의 몽펠레 화산은 활화산이었고 근래에 폭발한 적도 있었으나 피해가 적어 사람들은 크게 신경쓰지 않았습니다. 이로 인해 더 큰 피해가 발생했습니다. 이 화산 폭발로 인근 지역에 건설될 예정인 운하가 파나마에 건설되었으며 이 섬에서만 서식하는 마르티니크 큰쌀쥐가 완전히 멸종하였습니다. 이렇게 큰 피해를 일으키는 화산 활동은 왜 특정한 지역에서만 일어나는 걸까요?

지각 변동이 활발하게 일어나고 있는 곳을 변동대라고 합니다. 변동대에서는 화산 활동과 지진이 매우 활발합니다. 화산 활동과 지진이 자주 일어나는 지역을 각각 화산대, 지진대라고 하는데, 두 지역은 215쪽 〈그림 1〉과 같이 비교적 잘 일치하며, 좁고 긴 띠 모양으로 나타납니다.

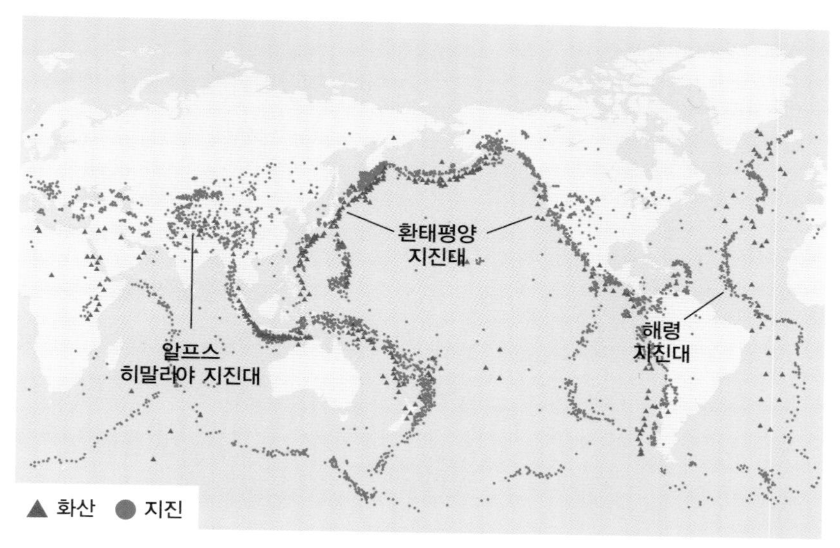

〈그림 1〉 지진대와 화산대의 분포

화산 활동과 지진이 활발한 지역을 3개의 영역으로 나눌 수 있는데 이들을 각각 환태평양 화산대(지진대), 알프스-히말라야 지진대, 중앙 해령 화산대(지진대)라고 합니다. 화산대와 지진대가 비교적 잘 일치하는 까닭을 판 구조론으로 설명할 수 있습니다.

1. 판 구조론

지각과 상부 맨틀의 일부를 포함한 두께 약 100km 구간을 암석권이라고 합니다. 암석권의 단면은 216쪽 〈그림 2〉와 같은데, 해양보다 대륙에서 약간 더 두껍다는 것을 알 수 있습니다. 암석권 아래의 약 100~400km 구간을 연약권이라고 하는데, 이곳은 맨틀 일부가 녹아 있어서 맨틀 대류가 일어나는 영역으로 알려져 있습니다.

지권의 겉부분은 암석권으로 이루어져 있고, 암석권은 크고 작은 조각으로 나누어져 있는데, 이런 암석권의 조각을 판이라고 합니다. 지권의

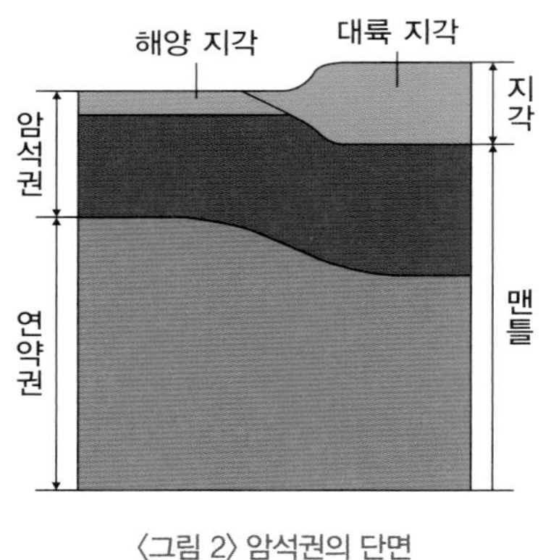

〈그림 2〉 암석권의 단면

표면은 대략 10여 개의 판으로 나누어져 있습니다. 각 판은 맨틀 대류에 따라 1년에 수 cm 정도의 느린 속도로 서서히 움직입니다. 판이 이동할 때, 두 판의 경계에서는 서로 부딪히거나 갈라지고, 어긋나는 사건이 일어나며, 화산 활동이나 지진이 활발하게 일어납니다.

2. 판의 경계와 지각 변동

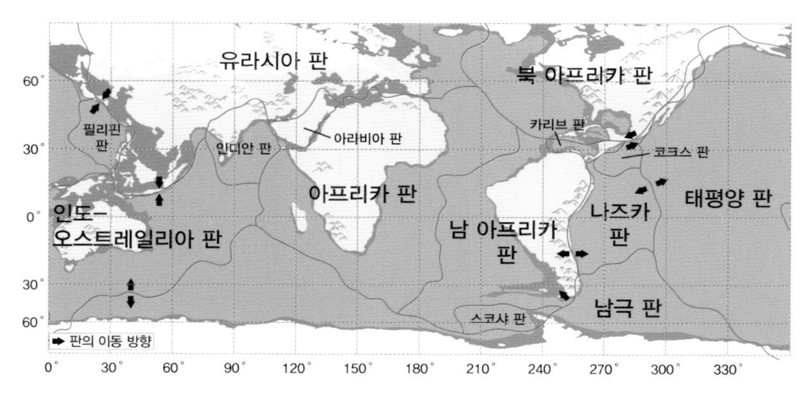

〈그림 3〉 세계 주요 판의 경계

판의 경계에서 두 판의 상대적인 이동에 따라 〈그림 4〉와 같이 판 경계의 종류를 크게 3가지로 구분할 수 있습니다. 판의 경계에서 두 판이 서로 멀어지면 발산형 경계, 두 판이 서로 가까워지면 수렴형 경계, 두 판이 서로 어긋나면 보존형 경계라고 합니다.

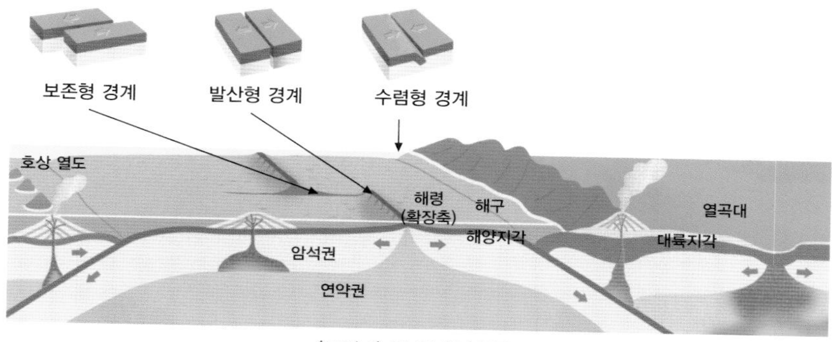

〈그림 4〉 판 경계의 종류

1) 발산형 경계

맨틀 대류가 상승하는 지역에서는 두 판이 서로 멀어지는 발산형 경계가 나타납니다. 대양의 중앙부에 있는 길게 솟아 있는 해저 산맥(해령)이 대표적인 발산형 경계에 해당합니다. 또한, 대륙 내부에서도 맨틀 대류의 상승으로 암석권이 갈라져 양쪽으로 멀어지는 열곡대도 발산형 경계에 해당합니다. 발산형 경계에서는 새로운 해양 지각이 만들어지고, 화산 활동과 지진이 활발합니다.

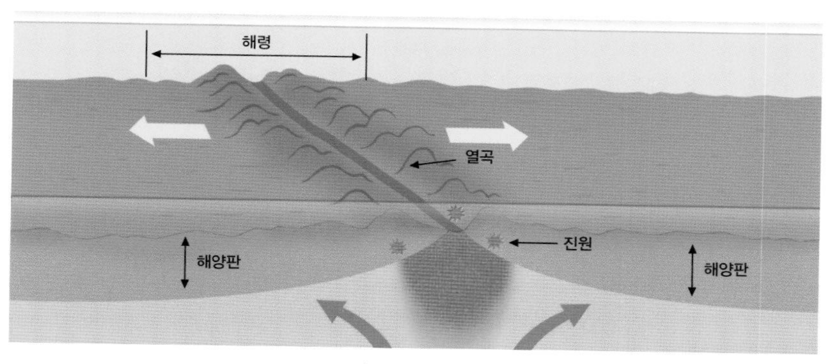

〈그림 5〉 해령

판의 경계부 있는 지각의 종류를 기준으로 해양 지각을 포함하고 있으면 해양판, 대륙 지각을 포함하고 있으면 대륙판이라고 한다.

2) 수렴형 경계

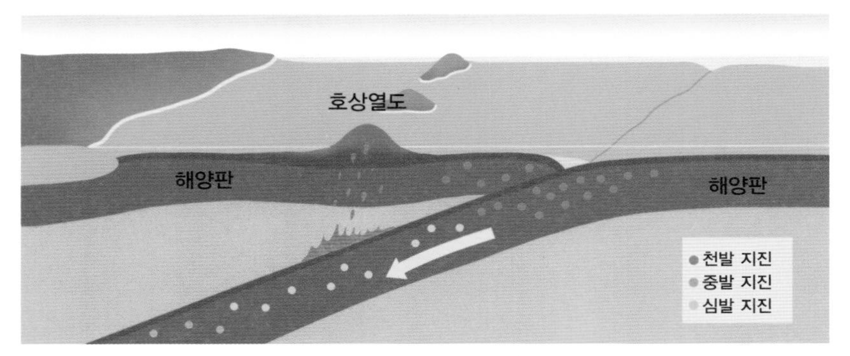

〈그림 6〉 해구와 호상 열도

맨틀 대류가 하강하는 지역에서는 두 판이 서로 가까워지는 수렴형 경계가 형성됩니다. 태평양의 가장자리에 있는 수심이 깊은 계곡(해구)은 대표적인 수렴형 경계입니다. 또한, 두 대륙판이 서로 충돌하여 만들어지는 습곡 산맥도 수렴형 경계에 해당합니다. 해양판이 다른 판 아래로 가라앉을 때 해구가 형성되는데, 이때 해양판이 해양판 아래로 가라앉으면 **호상 열도**가 형성되고, 해양판이 대륙판 아래로 가라앉으면 **대륙 화산호**가 형성됩니다.

호상 열도
해구와 나란하게 부채꼴 모양으로 늘어서 있는 화산섬이다.

대륙 화산호
대륙 내부에 해구와 나란하게 부채꼴 모양으로 나타나는 화산이다.

수렴형 경계에서는 판의 소멸이 일어납니다. 또한, 해구가 발달한 경계 부근에서는 화산 활동과 지진이 모두 활발하고, 두 대륙판이 서로 충돌하는 경계에서는 화산 활동이 거의 없고 지진이 활발합니다.

3) 보존형 경계

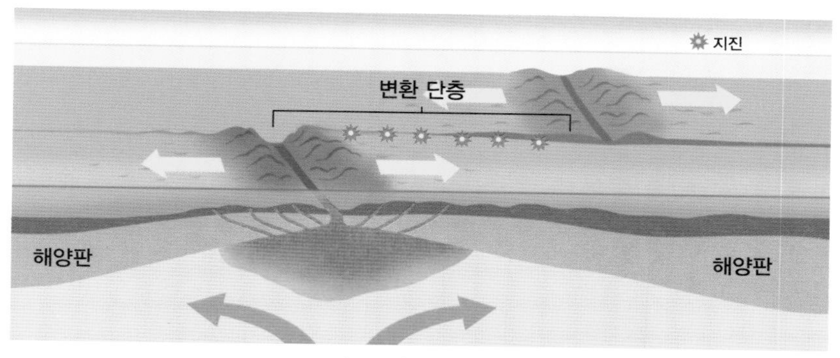

〈그림 7〉 변환 단층

두 판이 서로 반대 방향으로 나란하게 이동할 때 보존형 경계가 나타납니다. 보존형 경계에서는 두 지괴가 서로 어긋나는 변환 단층이 발달하는데 해령과 해령 사이의 판 경계에서 잘 나타납니다. 변환 단층은 판의 생성도 소멸도 없는 판의 경계이며 이곳에서는 화산 활동이 거의 없고, 지진이 자주 발생합니다.

3. 화산 활동과 지진이 지구 시스템에 미치는 영향

화산재에 의한 피해

용암에 의한 피해

화산 활동으로 방출된 화산 가스는 기권의 성분과 수권에 녹아 있는 성분의 변화에 영향을 미칠 수 있으며, 대기의 온실 효과에 영향을 줄 수 있습니다. 또한, 화산재는 햇빛을 차단하여 식물의 광합성에 큰 피해를 줄 수 있으며, 한동안 지구의 평균 기온을 낮추는 역할을 할 수 있습니다. 화산 활동은 전조 현상을 감지하여 폭발을 예측하면 피해를 줄일 수 있습니다.

한편, 화산 활동이 주는 혜택도 있습니다. 화산 활동으로 분출된 용암은 새로운 지각이나 섬을 형성하기도 하며, 광물질이 풍부한 화산재가 쌓여 비옥한 토양층을 형성하기도 합니다. 또한, 화산 활동이 활발한 지역에서는 지하의 열을 이용하여 발전이나 난방 등에 이용할 수 있고, 독특한 경관을 관광 자원으로 활용할 수도 있습니다.

지진은 지권에 저장된 지구 내부 에너지가 방출되는 현상 중 하나입니다. 지진은 짧은 시간 동안 넓은 지역에 걸쳐 건물, 도로, 구조물 등을 파괴해 많은 인명과 재산 피해를 일으킬 수 있습니다. 또한, 화재, 지진 해일 등의 이차적 피해도 일으킬 수 있습니다.

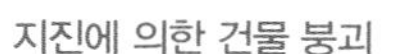

지진에 의한 건물 붕괴

지진에 의한 화재

지진 해일

과거의 지진 기록과 지각 변화 유형을 분석하면 지진 발생 가능성을 대략 예측할 수 있으나 정확한 발생 시기를 알아내기는 불가능합니다. 따라서 지진 발생 경보 시스템과 지진에 대비한 건축 설계가 필요하며, 개인은 지진 발생 시 행동 요령을 알고 있어야 합니다.

연습문제 1

지각과 상부 맨틀을 포함하는 단단한 부분을 무엇이라고 하는가?

정답 및 풀이

암석권

지각과 상부 맨틀의 일부를 포함하는 약 100km 두께의 단단한 부분을 암석권이라고 한다.

연습문제 2

판 경계의 종류 중 판이 생성되는 경계와 소멸되는 경계는 각각 무엇인지 쓰시오.

정답 및 풀이

판이 생성되는 경계 : 발산형 경계, 판이 소멸되는 경계 : 수렴형 경계

판 경계의 종류는 크게 발산형 경계, 수렴형 경계, 보존형 경계가 있다.

연습문제 3

화산대와 지진대가 비교적 잘 일치하는 이유는 무엇인가?

정답 및 풀이

화산과 지진은 주로 판의 경계에서 발생하기 때문이다.

지진대와 화산대는 주로 판 경계에서 일어나므로 좁고 긴 띠 모양으로 나타난다.

연습문제 4

화산 활동과 지진을 일으키는 에너지원은 무엇인가?

정답 및 풀이

지구 내부 에너지

판 경계의 종류는 크게 발산형 경계, 수렴형 경계, 보존형 경계가 있다.

연습문제 5

화산 활동으로부터 얻을 수 있는 혜택을 3가지 쓰시오.

정답 및 풀이

새로운 지각이나 섬이 형성된다. / 비옥한 토양층이 형성된다. / 지하의 열을 이용하여 발전 등에 이용한다. / 관광 자원으로 활용한다.

정리

지권의 변화는 지구 시스템에 어떤 영향을 줄까?

화산대와 지진대 : 화산이나 지진이 자주 발생하는 곳으로 대체로 잘 일치하며, 좁고 긴 띠 모양으로 분포한다.

판의 구조 : 암석권 조각을 판이라고 한다.
· 암석권 : 두께 약 100km의 단단한 부분
· 연약권 : 암석권 아랫부분으로 깊이 약 100~400km 영역, 맨틀 대류가 일어난다.

판 구조론 : 맨틀 대류에 의해 판이 움직이고, 판의 경계에서 화산 활동, 지진 등의 지각 변동이 활발하게 일어난다는 이론이다.

구분	판의 상대적 이동	특징
발산형 경계		• 두 판이 멀어진다. • 판이 생성
수렴형 경계		• 두 판이 가까워진다. • 판이 소멸
보존형 경계		• 두 판이 어긋난다. • 생성이나 소멸이 없다.

화산 : 지구 내부 에너지에 의해 형성된 마그마가 지표로 나오면서 다양한 화산 가스, 화산재, 용암 등이 분출되는 현상이다.
· 화산의 이용 : 지하의 열을 이용한 발전, 온수 또는 난방, 관광 자원 등으로 활용할 수 있다.

지진 : 암석에 축적된 에너지가 지진파의 형태로 퍼져 나가는 현상이다.
· 지진의 피해 : 도로, 건물 등을 파괴하며 화재, 산사태, 지진 해일 등의 이차적인 피해가 발생한다.
· 지진의 대비 : 정확한 예보는 거의 불가능하므로 지진 발생 경보 시스템과 지진 대비 건축 설계 등이 필요하다.

지질 시대의 환경

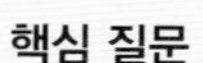

핵심 질문

지질 시대에는 어떤 생물들이 살았을까?

강원도 영월 지역에서는 산호 화석이 발견됩니다. 산호는 따뜻하고 얕은 바다에서 사는 생물이므로 과거에 이 지역은 바다였다는 사실을 알려줍니다. 먼 과거에 지구는 어떤 환경이었고, 어떤 생물들이 살고 있었을까요?

1. 지질 시대

지구가 탄생한 약 46억 년 전부터 현재까지의 시간을 지질 시대라고 합니다. 지질 시대는 생물계의 급격한 변화를 기준으로 몇 개의 시대로 구분할 수 있습니다. 지구가 탄생한 46억 년 전부터 약 5억 4천 2백만 년 전까지의 시기를 선캄브리아 시대라 하고, 약 5억 4천 2백만 년 전부터 약 2억 5천 백만 년 전까지를 고생대라고 합니다. 약 2억 5천 백만 년 전부터 약 6천 6백만 년 전까지를 중생대, 6천 6백만 년 전부터 현재까지를 신생대라고 합니다.

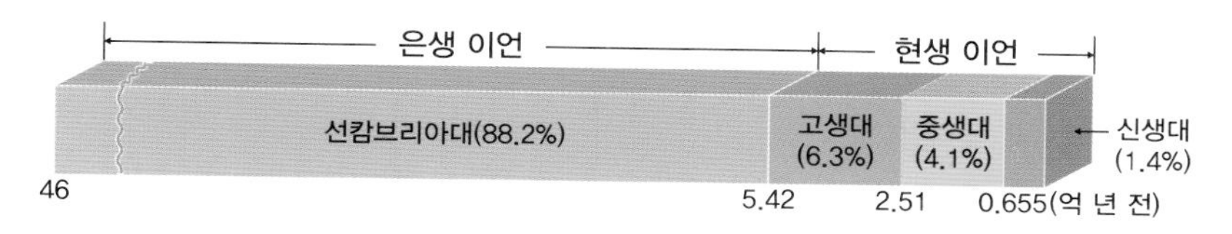

〈그림 1〉 지질 시대의 구분

지질 시대는 그 당시에 번성했던 생물을 기준으로 구분합니다. 자연환경에 적응하여 살았던 생물의 종류가 급격하게 변했다면 당시에 큰 변화가 있었음을 나타내기 때문에 이를 기준으로 지질 시대를 구분할 수 있는 것입니다. 즉, 고생대에 삼엽충이 살았던 것이 아니라, 삼엽충이 살았던 기간을 고생대로 정의하는 것입니다.

지질 시대 동안 환경과 생물의 변화에 대해 알아봅시다.

2. 선캄브리아 시대의 환경과 생물

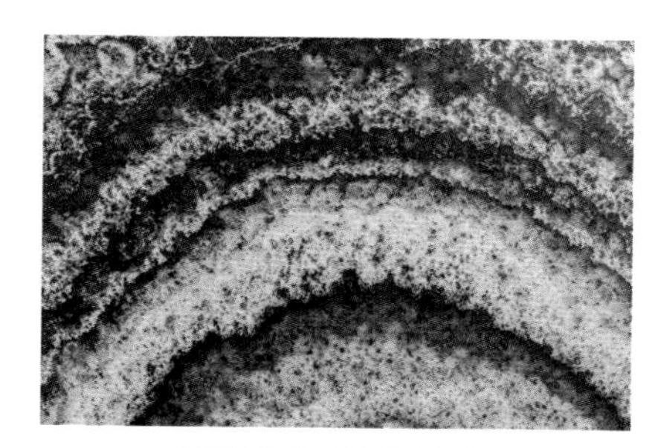

〈그림 2〉 스트로마톨라이트

〈그림 3〉 에디아카라 동물군 화석

선캄브리아 시대에 살았던 생물의 화석은 발견하기 매우 어렵습니다. 그 당시 생물은 대부분 껍질이나 뼈가 없어 화석으로 보존되기 어려웠고,

생성된 화석도 긴 시간이 흐르면서 지각 변동으로 사라졌기 때문입니다. 지구에 생명체가 탄생할 무렵에는 아직 대기 중에 산소가 부족하여 오존층이 형성되지 않았습니다. 따라서 최초의 생명체는 자외선을 피해 바닷속에서 살았을 것입니다. 이 시대의 주요 화석으로는 광합성 생물인 남세균에 의해 생성된 스트로마톨라이트가 있고, 선캄브리아 시대의 말기에 등장한 에디아카라 동물군(최초의 다세포 동물) 화석이 있습니다.

스트로마톨라이트
남세균(시아노박테리아) 집단이 여러 겹의 얇은 층을 반복하여 만들어 생성된다. 우리나라에도 약 9억 년 전에 만들어진 스트로마톨라이트가 산출된다.

3. 고생대의 환경과 생물

〈그림 4〉 삼엽충

고생대의 기후는 비교적 온난하였던 것으로 추정됩니다. 고생대에는 대기 중의 산소 농도가 이전보다 높아지면서 생물의 수가 늘어났습니다. 특히 오존층이 형성된 이후에는 생물권 영역이 육상까지 확대되면서 생물 다양성이 증가하였습니다.

고생대 초기부터 단단한 껍질과 뼈를 가진 해양 생물들이 빠르게 번성하여 삼엽충과 같은 무척추동물이 크게 번성하였습니다. 중기에는 척추동물인 어류가 번성하였고, 후기에는 양서류와 곤충, 양치식물이 번성하였습니다. 고생대에는 현생 동물의 조상이 대부분 출현하였습니다.

고생대 말에는 기후가 한랭해졌으며 흩어져 있던 대륙들이 합쳐져 판게아를 형성하였습니다. 그 결과 지구의 기후와 생물의 서식지에 큰 변화가 생기면서 최대 규모의 생물 대멸종이 일어났습니다.

4. 중생대의 환경과 생물

〈그림 5〉 암모나이트

중생대 초기에는 판게아가 분리되기 시작하면서 대륙과 해양의 분포가 다양해졌습니다. 기후는 중생대 기간 내내 온난하여 거대한 동식물이 바다와 육지에서 크게 번성하였습니다. 특히 육지에서는 파충류인 공룡이 크게 번성하였고, 바다에서는 암모나이트가 번성하였습니다. 식물계에서는 소나무, 은행나무와 같은 겉씨식물이 번성하였고, 중생대 말에는 지구 환경에 급격한 변화가 생기면서 공룡과 암모나이트 등이 멸종하였습니다.

5. 신생대의 환경과 생물

신생대에는 대서양이 확장되고, 알프스산맥, 히말라야산맥이 형성되면서 해양과 육지의 분포가 현재와 비슷하게 되었습니다. 신생대의 기후는 초기에 온난하였으나 후기에 기온이 점차 낮아져 빙하기와 간빙기가 반복되었습니다. 신생대에는 포유류가 크게 번성하였고, 식물계에서는 속씨식물이 번성하였고, 말기에는 현생 인류의 조상이 출현하였다.

생물종의 급격한 감소를 대멸종이라고 하는데, 지질 시대 동안 대멸종은 228쪽 〈그림 6〉과 같이 5번 일어났습니다. 그중에서 가장 큰 규모의 대멸종은 고생대 말에 일어났는데 해양 생물의 약 95%, 양서류의 약 80%, 파충류의 약 90%가 지구상에서 멸종했습니다.

대멸종의 원인으로 제시된 가설은 다양한데, 대기와 해양의 산소량 감소, 대규모 화산 활동, 급격한 기후 변화, 소행성 충돌 등이 제시되었습니다. 지구 환경 변화는 대멸종의 원인이 되기도 하지만, 환경 변화에 적응한 생물에게는 멸종한 생물을 대신할 수 있는 기회를 제공하기도 합니다. 공룡이 사라진 이후, 신생대에 포유류가 번성하게 된 것이 좋은 예입니다.

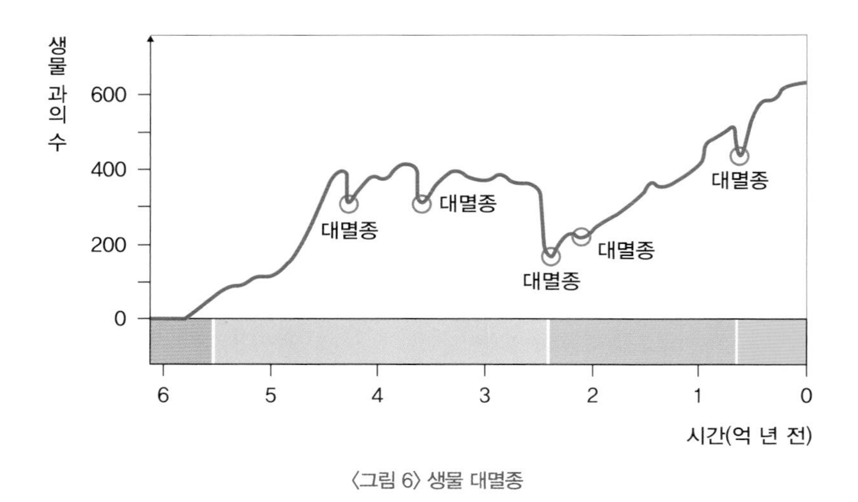

〈그림 6〉 생물 대멸종

연습문제 1

지질 시대를 구분하는 기준으로 이용되는 것은 무엇인가?

정답 및 풀이

표준 화석

지질 시대를 구분하는데 이용되는 화석을 표준 화석이라고 한다.

연습문제 2

선캄브리아 시대의 지층에서 화석이 거의 산출되지 않는 이유를 설명하시오.

정답 및 풀이

선캄브리아 시대의 생물은 대부분 껍질이나 뼈가 없어 화석으로 보존되기 어려웠고, 화석이 생성되었더라도 오랜 시간이 흐르는 과정에서 지각 변동으로 사라질 가능성이 크다.

연습문제 3

최초의 육상 생태계가 형성된 지질 시대를 쓰시오.

정답 및 풀이

고생대

고생대에 오존층이 형성되어 유해한 자외선을 차단할 수 있게 되면서 육상에 생물이 출현할 수 있었다.

연습문제 4

지질 시대 중 가장 온난했던 시대를 쓰시오.

정답 및 풀이

중생대

중생대는 전 지질 시대 중 가장 온난하였으며, 빙하기가 존재하지 않았다.

연습문제 5

가장 큰 규모의 생물 대멸종이 일어난 시기는 언제인가?

정답 및 풀이

고생대 말

지질 시대 동안 일어난 5번의 대규모 멸종 사건이 일어났으며, 이중 가장 큰 규모의 대멸종은 고생대 말에 일어났다.

정리

지질 시대에는 어떤 생물들이 살았을까?

지질 시대 : 지구가 탄생한 약 46억 년 전부터 현재까지의 기간

- 지층에서 발견되는 화석의 종류를 기준으로 지질 시대를 구분
- 지질 시대의 길이 : 선캄브리아 시대 〉 고생대 〉 중생대 〉 신생대

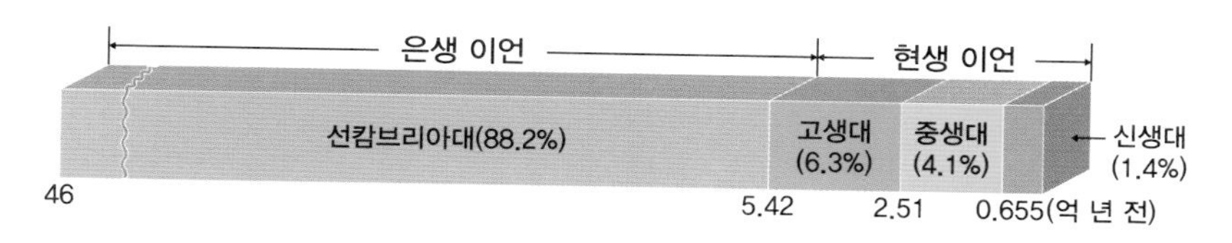

지질 시대별 환경과 생물

- 선캄브리아 시대 : 최초의 생물이 출현하였다. 화석이 매우 드물고 개체 수도 많지 않았다.
- 고생대 : 다양한 생물이 등장하였고, 오존층이 생성된 후 생물들이 육상으로 진출할 수 있게 되었다.
- 중생대 : 전반적으로 온난했던 시기로 공룡과 암모나이트가 번성하였다.
- 신생대 : 전기에는 온난하였으나 후기에는 빙하기와 간빙기가 반복되었다.

고생대	중생대	신생대
· 척추동물 출현 · 양치식물 번성	· 파충류 시대 · 겉씨식물 번성	· 포유류 시대 · 속씨식물 번성

생물 대멸종 : 지구 역사에서 5번의 대규모 멸종이 있었다.

- 생물 대멸종의 원인 : 기온의 급변, 해양의 용존 산소 감소, 화산 폭발, 운석 충돌 등의 가설이 있다.
- 대멸종은 새로운 환경에 적응한 생물들이 다양한 종으로 번성할 수 있는 기회가 되었다.

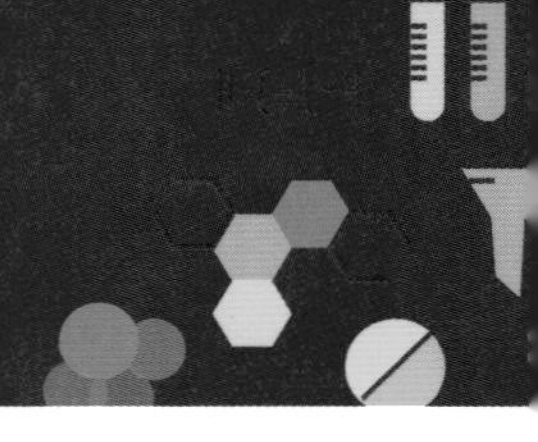

지구 환경 변화

핵심 질문

지구 환경은 어떻게 달라지고 있을까?

21세기 인류가 당면한 가장 큰 문제는 기후 변화라고 합니다. 특히 온실 기체 사용량 증가로 인한 지구 온난화는 인류의 생존을 위협할 수 있다는 경고를 끊임없이 보내고 있습니다.

2015년 12월 프랑스 파리에서 열린 기후 변화 협약에서는 지구 평균 기온 상승을 1.5℃ 이하로 제한하기 위한 노력을 추구한다는 목표를 설정하였습니다. 최근 일어나고 있는 지구 환경 변화와 이를 극복하기 위한 인류의 노력에 대해 알아봅시다.

1. 지구 온난화

날씨는 짧은 기간 동안의 기상 상태를 나타내고, 기후는 장기간에 걸친 평균적인 대기 상태를 나타냅니다. 따라서 기후 변화는 일정 지역에서 오랜 기간에 걸쳐 기후가 변화하는 현상을 말합니다. 요즘 세계적으로 극심한 폭우, 가뭄, 더위, 한파와 같은 기상 이변이 지속적으로 나타나는 것은 지구 곳곳의 기후가 점차 변하고 있다는 것을 의미합니다.

지구 표면의 온도가 점차 높아지는 현상을 지구 온난화라고 합니다. 〈그림 1〉과 같이 산업화 이후 최근까지 지구의 평균 기온은 상승하는 추세이며, 최근 들어 더 가파르게 상승하고 있습니다.

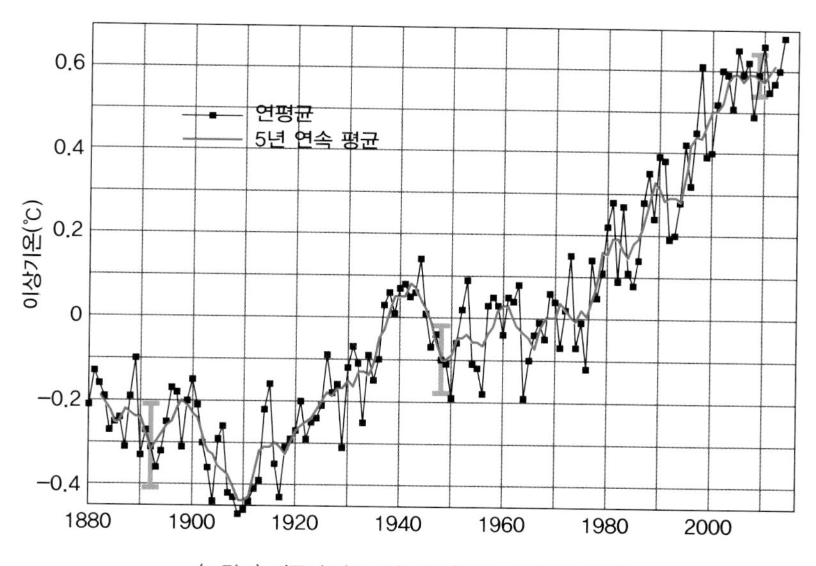

〈그림 1〉 지구의 평균 기온 변화(1951~1980년 기준)

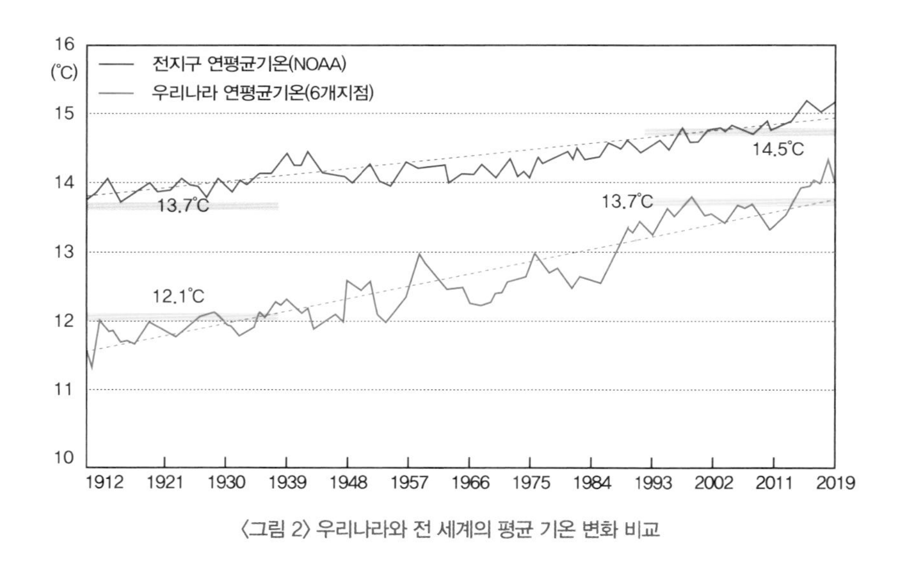

〈그림 2〉 우리나라와 전 세계의 평균 기온 변화 비교

우리나라의 평균 기온 상승과 전 세계 평균을 비교하면 〈그림 2〉와 같이 우리나라에서 대략 2배 정도 기온 상승 폭이 크다는 것을 알 수 있습니다.

대기 중의 이산화 탄소나 수증기와 같은 온실 기체는 적외선을 잘 흡수하는 성질이 있어 지표면에서 방출되는 복사 에너지를 흡수하여 지표로 재방출하여 결과적으로 대기가 없을 때보다 지표면 온도를 상승시키는 역할을 하는데 이를 온실 효과라고 합니다.

지구 대기의 온실 효과

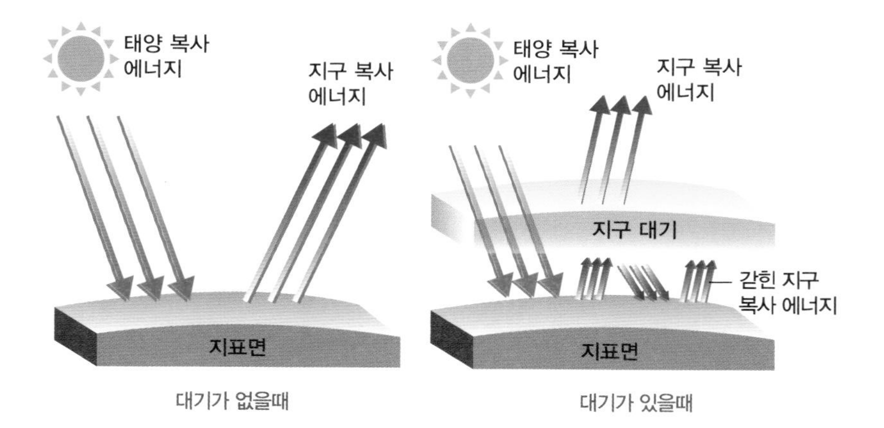

대기 중에 온실 기체의 양이 증가하면 온실 효과가 커져 지구의 기온이 더 높아지게 됩니다. 최근의 연구 결과에 따르면, 지구 온난화의 주요 원인은 인간 활동으로 배출된 이산화 탄소의 증가입니다.

이산화 탄소는 생물의 호흡 작용을 통해 자연적으로 대기 중에 배출됩니다. 하지만 최근의 대기 중 이산화 탄소의 농도 증가는 주로 화석 연료의 사용량 증가 때문입니다. 〈그림 3〉을 보면, 산업 혁명 이후 이산화 탄소의 농도가 급격하게 증가하였다는 것을 확인할 수 있습니다.

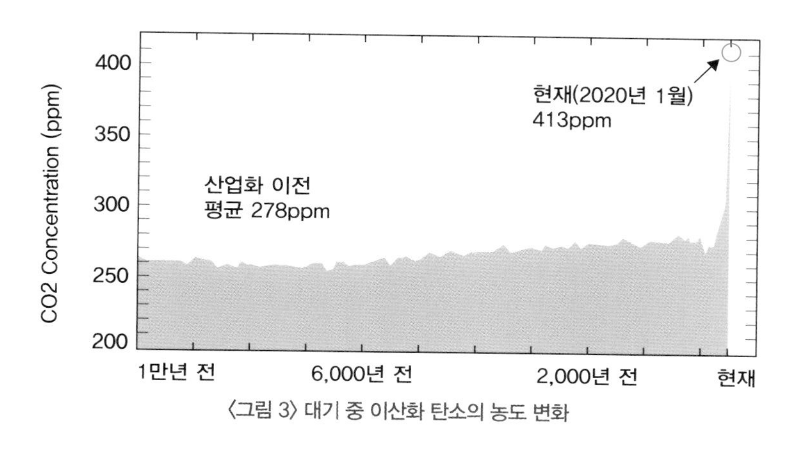

〈그림 3〉 대기 중 이산화 탄소의 농도 변화

해수면이 상승하는 등 지구 환경이 변화하게 됩니다. 해수의 온도 상승은 태풍의 강도를 증가시키고, 기후 변화를 일으켜 홍수나 가뭄 등의 심각한 피해를 일으킵니다.

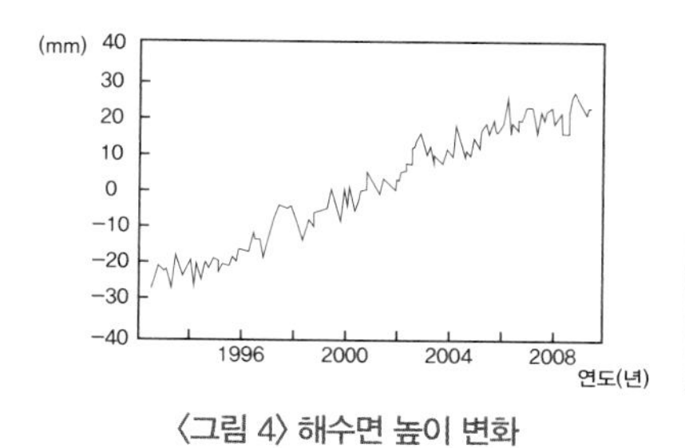

〈그림 4〉 해수면 높이 변화

〈그림 5〉 태풍 피해

2. 대기 대순환과 표층 순환

〈그림 6〉 대기 대순환과 표층 해류

지구 전체 규모에서 일어나는 대기의 순환을 대기 대순환이라고 합니다. 대기 대순환은 지구상의 북반구와 남반구에서 각각 3개의 순환이 나타나는데 각각 해들리 순환, 페렐 순환, 극순환이라고 합니다. 또한, 각각의 순환에 의해 적도~위도 30° 에서는 무역풍이 불고, 위도 30° ~60° 에서는 편서풍이 불며, 위도 60° ~극지방에서는 극동풍이 붑니다.

대기 대순환에 의한 바람의 영향으로 대양에서는 표층 해류가 발생합니다. 표층 해류는 〈그림 6〉과 같이 북반구의 아열대 해역에서는 시계 방향의 순환이 형성하고, 남반구의 아열대 해역에서는 시계 반대 방향의 순환을 형성합니다.

대기 대순환과 해류는 저위도의 남는 에너지를 고위도로 이동시켜 주기 때문에 지구의 에너지 평형에 중요한 역할을 합니다.

1) 엘니뇨

평상시 적도 부근의 동태평양 연안(페루 연안)에서는 무역풍에 의해 따뜻한 표층수가 서쪽으로 이동하고, 심층에서 찬 해수가 올라오기 때문에 수온이 비교적 낮습니다. 하지만 무역풍이 약해지면 따뜻한 바닷물이 태평양 중앙부와 동쪽 연안에 쌓여 해수면 온도가 상승하게 됩니다. 이러한 현

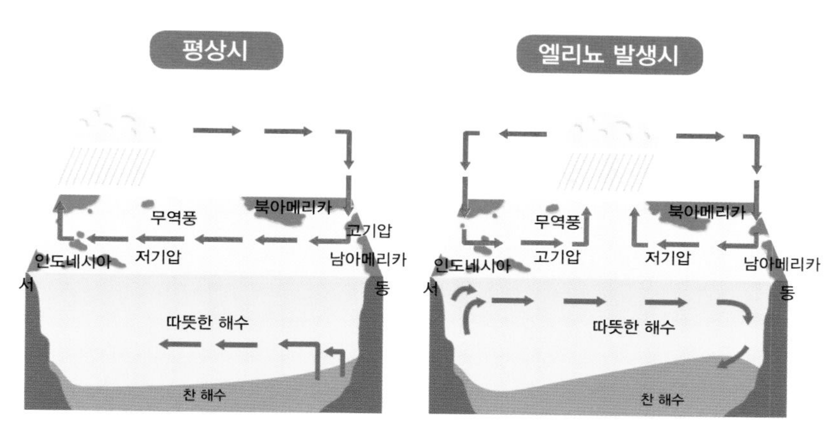

〈그림 7〉 평상시와 엘니뇨 시기의 비교

〈그림 8〉 엘니뇨로 인한 이상 기후

상을 엘니뇨라고 합니다.

평상시에는 인도네시아 연안에서 강수량이 많고, 페루 연안에서 강수량이 적지만, 엘니뇨가 발생하면 대기 순환에 변화가 생겨 인도네시아 연안에서 강수량이 감소하여 가뭄이나 산불 피해가 나타나고 페루 연안에서는 홍수 피해가 자주 나타납니다. 엘니뇨는 태평양 적도 부근 해역뿐만 아니라 대기와 해양의 상호 작용을 통해 〈그림 8〉와 같이 세계 여러 지역에 이상 기후를 일으킬 수 있습니다.

무역풍이 너무 강해지면 엘니뇨와 정반대의 특징을 갖는 라니냐가 나타난다. 라니냐 시기에는 페루 연안에서 용승이 너무 강하여 수온이 평상시보다 낮아진다.

2) 사막화

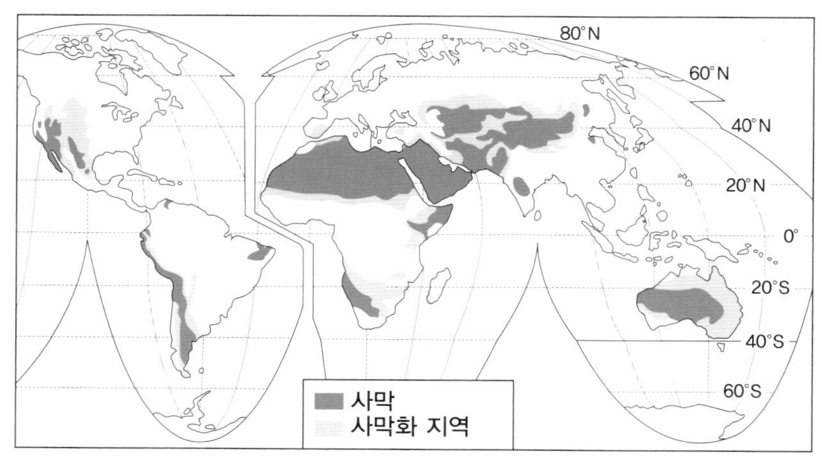

〈그림 9〉 사막과 사막화 지역

〈그림 10〉 사막과 지역의 모습

자연적인 기후 변화나 인간 활동에 의한 영향으로 기존의 사막이 확대되는 현상을 사막화라고 합니다. 현재 사막이 주로 분포하는 곳과 사막화가 나타나는 지역은 〈그림 9〉과 같습니다.

사막화가 진행되면 토양이 황폐해져 사람뿐만 아니라 동식물이 살 수 없게 됩니다. 사막화는 대기 대순환의 변화로 인한 강수량 감소가 주요 원인이며, 과도한 경작이나 방목, 무분별한 산림 벌채와 같은 인간 활동도 사막화를 가속화시키는 주요 원인입니다.

2. 지구 환경 변화를 극복하기 위한 노력

지구 온난화, 엘니뇨, 사막화 등은 인류가 극복해야 할 중요한 지구 환경 문제입니다. 이러한 문제는 일부 지역에서만 나타나는 현상이 아닌 전 지구적인 문제이므로 세계 각국이 공동으로 노력해야 합니다.

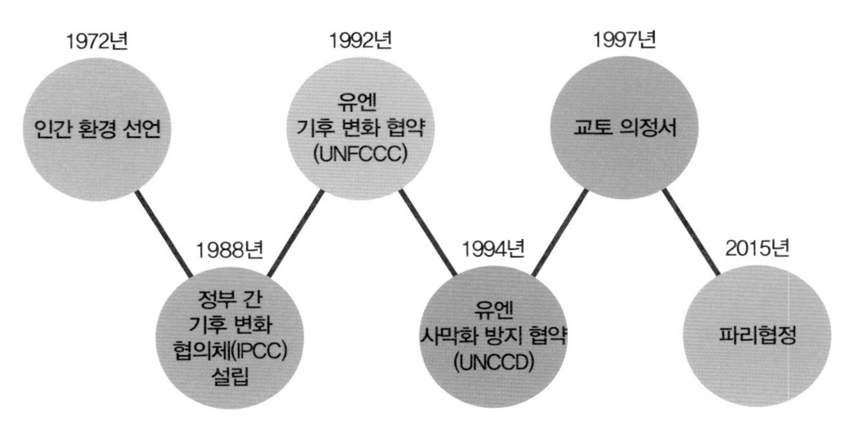

〈그림 11〉 지구 환경 변화에 대처하기 위한 국제적인 노력

연습문제 1

지구 표면의 온도가 점차 높아지는 현상을 무엇이라고 하는가?

정답 및 풀이

지구 온난화

주로 인간 활동에 의해 지구의 평균 기온이 점진적으로 상승하는 현상을 지구 온난화라고 한다.

연습문제 2

대기 중 이산화 탄소의 농도가 산업 혁명 이후 급격하게 증가한 원인은 무엇인가?

정답 및 풀이

화석 연료 사용량 증가

화석 연료 사용 시 배출되는 이산화 탄소가 대기 중 이산화 탄소의 농도를 증가시키는 주요 원인이다.

연습문제 3

북반구 아열대 해역과 남반구 아열대 해역에서 표층 해류의 순환 방향을 비교하시오.

정답 및 풀이

표층 순환은 북반구 아열대 해역에서 시계 방향, 남반구 아열대 해역은 시계 반대 방향으로 나타난다.

연습문제 4

엘니뇨 시기일 때, 인도네시아 연안과 페루 연안에서 나타나는 강수량 변화를 설명하시오.

정답 및 풀이

인도네시아 연안에서는 평상시보다 강수량이 증가하고, 페루 연안에서는 평상시보다 강수량이 감소한다.

연습문제 5

사막화를 일으키는 인위적인 요인에는 어떤 것들이 있는가?

정답 및 풀이

사막화를 일으키는 인위적인 요인으로는 과도한 경작, 과잉 방목, 무분별한 산림 벌채 등이 있다.

정리

지구 환경은 어떻게 달라지고 있을까?

지구 온난화 : 지구의 온도가 점차 높아지는 현상
· 주요 원인 : 화석 연료 사용으로 인한 온실 기체 증가
· 현상 : 해수면 상승, 기상 이변 증가, 생태계 변화

대기 대순환과 표층 순환 : 대기와 해수의 순환을 통해 지구는 전체적으로 에너지 평형을 유지한다.

엘니뇨 : 무역풍이 평상시보다 약해지면서 열대 태평양의 중앙 해역과 동쪽 해역에서 수온이 평상시보다 높아지는 현상

사막화 : 식물이 자라기 어려운 사막으로 변해가는 현상
· 사막화 지역 : 주로 아열대 사막 주변에 분포
· 원인 : 강수량의 감소, 과잉 경작, 과잉 방목, 산림 벌채 등

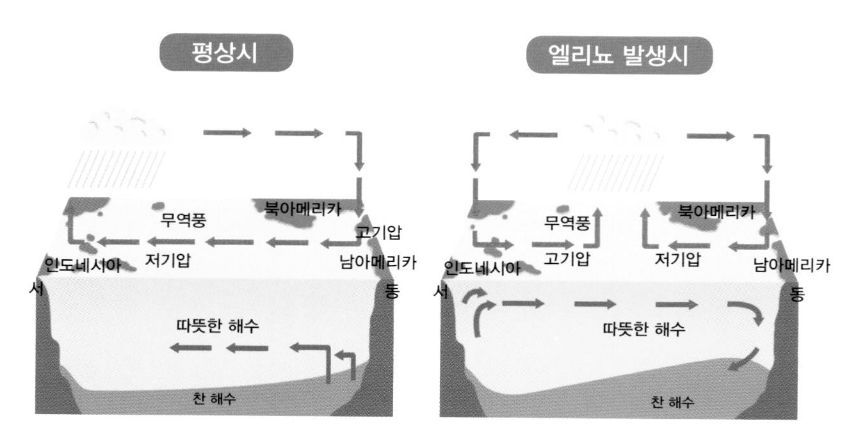

지구 환경 변화의 극복 방안 : 지구 환경 변화가 미치는 영향에 대해 올바른 인식이 필요하며, 개인적, 국가적, 국제적 노력이 필요하다.

고등과학 쉽-게 배우기

2022년 12월 12일 초판 인쇄 | 2022년 12월 19일 초판 발행

지은이 최현숙·전호균·문태주·김연귀

펴낸이 한정희
펴낸곳 종이와나무
그림 김진영
편집·디자인 이다빈 김지선 유지혜 한주연 김윤진
마케팅 유인순 전병관 하재일
출판신고 제406-2007-000158호

주소 경기도 파주시 회동길 445-1 경인빌딩 B동 4층
대표전화 031-955-9300 | 팩스 031-955-9310
홈페이지 www.kyunginp.co.kr | 전자우편 kyungin@kyunginp.co.kr

ISBN 979-11-88293-17-9 53400
값 14,000원